Benedikt Breitenbach

Klima und Hydrogeographie Nordamerikas

GRIN Verlag

Bibliografische Information der Deutschen Nationalbibliothek:

Die Deutsche Bibliothek verzeichnet diese Publikation in der Deutschen Nationalbibliografie; detaillierte bibliografische Daten sind im Internet über http://dnb.d-nb.de/ abrufbar.

Impressum:

Druck und Bindung: Books on Demand GmbH, Norderstedt Germany
ISBN: 978-3-640-82653-7

Dieses Buch bei GRIN:

http://www.grin.com/de/e-book/166528/klima-und-hydrogeographie-nordamerikas

Johannes Gutenberg-Universität Mainz

Geographisches Institut

Wintersemester 2010/11

Regionalseminar: Südwest USA

Abgabedatum: 24.10.2010

Klima und Hydrogeographie Nordamerikas

Vorgelegt von:

Benedikt Breitenbach

Studienfächer:

Geographie Diplom

Meteorologie

Publizistikwissenschaften

Inhaltsverzeichnis

Abbildungsverzeichnis III

1. Einleitung 4

2. Definitionen 4

3. Allgemeine Zirkulation der Atmosphäre 5

4. Luftmassen 7

  4.1 Luftmassen Nordamerika 8

5. Klimatische Einflüsse Nordamerikas 11

  5.1 Temperatur 21

  5.2 Niederschlag 25

  5.3 Evapotranspiration 26

6. Trockengrenzen Nordamerikas 28

7. Klimaklassifikation Nordamerikas 31

8. Hydrogeographie Nordamerikas 34

  8.1 Oberflächengewässer 34

  8.2 Wasserscheiden Nordamerikas 37

  8.3 Wasserverbrauch in den USA und in Kanada 38

  8.4 Colorado River 41

9. Zusammenfassung 42

10. Literaturverzeichnis 44

Anhang 46

Abbildungsverzeichnis

Abbildung 1: Klimagliederung auf dem Idealkontinent nach Flohn (1950). 7
Abbildung 2: Eigenschaften der Luftmassen. 8
Abbildung 3: Ursprungsregion und Bewegungsbahnen von Luftmassen. 10
Abbildung 4: Klimadiagramm Yakutat. 12
Abbildung 5: Klimadiagramm Las Vegas. 13
Abbildung 6: Klimadiagramm Amarillo 14
Abbildung 7: Klimadiagramm San Francisco. 15
Abbildung 8: Klimadiagramm Veracruz. 16
Abbildung 9: Klimadiagramm Miami. 17
Abbildung 10: Klimadiagramm New York. 18
Abbildung 11: Klimadiagramm Cambridge Bay. 19
Abbildung 12: Klimadiagramm Edmonton. 20
Abbildung 13: Klimadiagramm Chicago 21
Abbildung 14: Temperaturen Januar Nordamerika. 23
Abbildung 15: Temperaturen Juli Nordamerika. 24
Abbildung 16: Durchschnittlicher Niederschlag Nordamerika. 25
Abbildung 17: North American average Evapotranspiration over 2000-2006. 27
Abbildung 18: Mittlere klimatologische Wasserbilanz von Nordamerika. 30
Abbildung 19: Klimaklassifikation nach Strahler (1978). 31
Abbildung 20: Gewässer Nordamerikas mit durchschnittl. Abflussmengen > 1.000 m3/s. 36
Abbildung 21: Kontinentale Wasserscheiden. 38
Abbildung 22: Oberflächen-und Grundwasserentnahme im Jahr 2005 pro Tag. 40
Abbildung 23: Mittlere Wasserspiegelhöhe Lake Mead (August 1939-2003). 42
Abbildung 24: Largest Rivers in the U. S., in Discharge, Drainage Areas, or Length. 48
Abbildung 25: Durchschnittlicher Abfluss von Flüssen Kanadas. 49

1. Einleitung

Nordamerika ist unter klimatischen Gesichtspunkten ein Kontinent der Extreme. Aufgrund der geographischen Lage, der enormen Nord-Süd-Ausdehnung und der topographischen Gegebenheiten treten insbesondere in den Vereinigten Staaten von Amerika und in Kanada ganzjährige klimatische Extremlagen auf. Zudem gehört Nordamerika aus klimatischer Sicht zu den wohl vielseitigsten Kontinenten der Erde, da dort fast alle möglichen Klimazonen der Erde anzutreffen sind. Im Verlaufe dieser Hausarbeit werden die klimatischen Einflüsse auf den Kontinent herausgearbeitet. Zum Einstieg erfolgen kurze Begriffsdefinitionen bezüglich der zu behandelten Thematik, was ist Klima und womit beschäftigt sich die Hydrogeographie. Anschließend wird die Allgemeine Zirkulation der Atmosphäre anhand des idealisierten Modells nach Flohn erläutert. Basierend auf den typischen Eigenschaften von Luftmassen, werden dann diese in ihrer Verteilung und ihren Bewegungsbahnen auf Nordamerika untersucht. Darauf folgend wird deren Einfluss auf das nordamerikanische Klima analysiert, wobei ein besonderes Augenmerk auf den Bereich innerhalb der planetarischen Frontalzone liegt. Anhand von ausgewählten Klimadiagrammen werden die Ergebnisse vertieft. Temperatur- und Niederschlagskarten, sowie Messungen der Evapotranspiration sollen einen Überblick über die klimatischen Verhältnisse in Nordamerika geben. Die Trockengrenze, die einen bedeutsamen Einfluss auf die Landwirtschaft darstellt, wird anhand der klimatischen Wasserbilanz erläutert. Abschließend wird eine Klimaklassifikation des Kontinents vorgenommen, um abschließend einen vereinfachten Überblick der Klimaten zu erhalten. Im zweiten Teil der Hausarbeit wird ein hydrogeographischer Überblick Nordamerikas gegeben. Im Fokus stehen hier die Oberflächengewässer mit dessen saisonal unterschiedlichen Abflussmengen und die kontinentalen Wasserscheiden Nordamerikas. Darüberhinaus wird der enorme jährliche Wasserverbrauch in den Vereinigten Staaten und in Kanada erläutert. Abschließend wird anhand des Colorado River die Problematik in der Wasserversorgung für den Südwesten der USA dargestellt.

2. Definitionen

Für den Begriff *Klima* existiert keine allgemeingültige Definition. Nach dem Deutschen Wetterdienst (DWD) wird Klima als die Zusammenfassung der Wettererscheinungen, die den mittleren Zustand der Atmosphäre an einem bestimmten Ort oder in einem mehr oder weniger großen Gebiet charakterisieren, verstanden. Es wird repräsentiert durch die statistischen Gesamteigenschaften (Mittelwerte, Extremwerte, Häufigkeiten, Streuung u. a.) über einen genügend langen Zeitraum. Im Allgemeinen wird ein Zeitraum von 30 Jahren zugrunde gelegt, die sogenannte Normalperiode.[1] Als *Wetter* wird der augenblickliche Zustand der Atmosphäre an irgendeiner Stelle der Erdoberfläche bezeichnet. Das Wettergeschehen spielt sich hierbei überwiegend in den unteren zehn Kilometer der Troposphäre ab. Das Wetter wird mit Hilfe quantifizierbarer Parameter charakterisiert. Diese Parameter sind meteorologische Größen wie z.B. Lufttemperatur, Luftfeuchte, Wasserdampf, Luftdruck, Windrichtung und Windgeschwindigkeit, Bewölkung, Niederschlag und Sichtweite.[2]

Die *Hydrogeographie* basiert auf der Hydrologie und ist eine Teildisziplin der physischen Geographie. Die Hydrologie ist die „Lehre von den physikalisch, chemisch und biologisch bedingten Erscheinungsformen des Wassers auf, über und unter der Erdoberfläche, speziell seiner Verteilung nach Raum und Zeit sowie seiner Wirkungen einschließlich der anthropogenen Einflüsse.“[3] Auf diesen Grundlagen basierend, beschäftigt sich die Hydrogeographie speziell mit dem Wasserhaushalt, den räumlichen und zeitlichen Veränderungen der Speicherinhalte und dem Abflussverhalten hinsichtlich der quantitativen Aspekte, sowie mit der Wassergüte (Wasserqualität) hinsichtlich der qualitativen Aspekte. Von besonderem Interesse ist dabei der Eingriff des Menschen in die Ressource Wasser, sowie die Rückwirkungen der Nutzung auf das natürliche System mit den dadurch induzierten Veränderungen.[4]

3. Allgemeine Zirkulation der Atmosphäre

Unter der *Allgemeinen Zirkulation der Atmosphäre* (AZA) versteht man den „mittleren Zirkulationsmechanismus in der Lufthülle der Erde, welcher sich, von der solar bedingten unterschiedlichen Energiezufuhr in Gang gesetzt, zum globalen Ausgleich von Masse, Wärme und Bewegungsenergie unter den materialmäßigen Eigenschaften von Luft und

[1] vgl. DWD (2010): Stichwort – Klima.
[2] vgl. Hupfer/Kuttler (2006): 4.
[3] vgl. Wilhelm (1993): 16.
[4] vgl. Wilhelm (1993): 18-19.

Wasser sowie der erdmechanischen und geographischen Bedingungen einstellt.“[5] Die AZA ist demnach der mittlere Ablauf eines weltweiten Austauschvorganges in der Atmosphäre. Die dynamische Eigenschaften einzelner Bereiche der Gesamtzirkulation und ihre meteorologischen Konsequenzen bestimmen zusammen mit der Strahlungsenergie der Sonne und den „geographisch-räumlichen Randbedingungen die regionale Klimadifferenzierung auf der Erde.“[6] Damit bietet die AZA die Basis für eine Klimagliederung nach genetischen Gesichtspunkten. Eine der neueren genetischen Klassifikationen wurde von FLOHN (1950) als schematische Klimagliederung auf einem Idealkontinent und den Weltmeeren entworfen. Die Form des Idealkontinents ist etwas birnen- oder tropfenförmig mit dem dicken Ende auf der Nordhalbkugel und dem zusammenlaufenden Ende auf der Südhemisphäre. Auf jeder Halbkugel gibt es vier Zirkulationsgürtel, deren Begrenzungen jahrzeitlichen Schwankungen unterliegen, da die Zirkulation sich infolge des Jahresganges des Sonnenstandes ändert.

- Äquatoriale Westwindzone mit den innertropischen Konvergenzen
- Subtropische Trockenzone oder Passatzone
- Außertropische Westwindzone
- Hochpolare Ostwindzone

Die Gebiete, die das ganze Jahr über in derselben Zone liegen, haben ein beständiges Klima. Allerdings lösen sich an deren Grenzen im halbjährlichen Wechsel die beiden benachbarten Windsysteme ab, sodass zwischen den vier Hauptklimazonen drei alternierende Klimaten entstehen.

- Randtropenklima mit sommerlichen Zenitalregen und winterlichem Passat
- Subtropische Winterregenzone mit sommerlichem Passat und Westwinden im Winter (Mittelmeerklima)
- Subpolare Zone mit sommerlichen Ostwinden und winterlichen Westwinden (dazu als kontinentaler Untertyp die boreale Zone)

Klimaerscheinungen die sich auf dem Wechsel von Land und Meer beruhen, wie z. B. das Monsumklima, werden in dem idealisierten Modell nicht dargestellt.[7] Hingegen wird „auf der kontinentalen Nordhalbkugel in der Subpolarzone als Untertyp noch die boreale Zone

---

[5] vgl. Weischet (1995): 226.
[6] vgl. Weischet (1995): 226.
[7] vgl. Liljequist/Cehak (1984): 373.

vertreten, die im Winter unter dem Einfluss des festländischen Kältehochs liegt."[8] Im Idealkontinent fällt zudem auf, dass zwischen den West- und Ostküsten der Kontinente die oben angeführten Klimazonen gestört sind. Die vollständige Abfolge aller sieben Klimagürtel des planetarischen Systems findet sich nur nahe der Westküste des Kontinents wieder. Die subtropische Trocken - und Passatzone (3.) und die subtropische Winterregenzone (3.) fehlen an der Ostküste. Hingegen nimmt die subpolare Zone (6. & 6a) einen weiten Teil der außertropischen Westwindzone (6.) ein, sodass sich diese weiter in Richtung Süden verlagert. Auffallend ist, dass die Asymmetrie zwischen West und Ost annähernd den Klimaten Nordamerikas entsprechen. Hierzu aber im Verlaufe dieser Hausarbeit mehr.

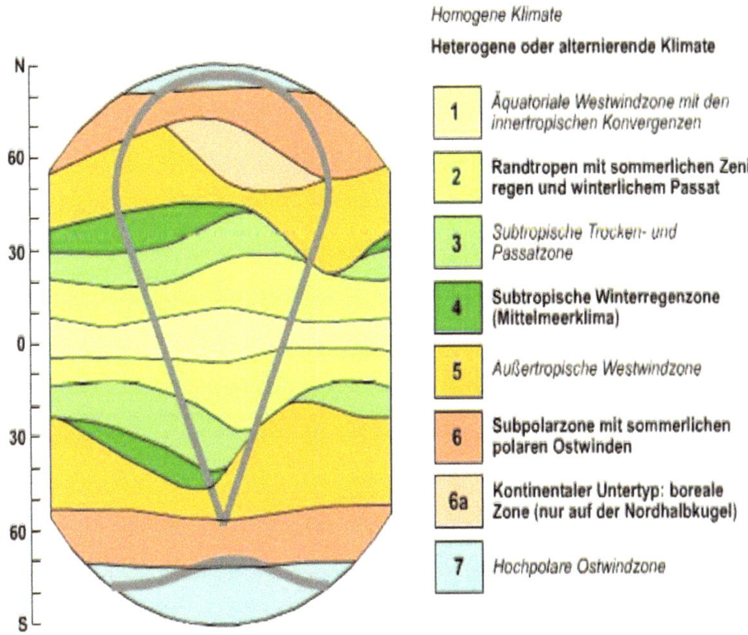

Abb. 1: Klimagliederung auf dem Idealkontinent nach Flohn (1950). Quelle: Liljequist/Cehak (1984): 373.

4. Luftmassen

Bei Luftmassen handelt es sich vereinfacht gesagt um homogene Luft mit spezifischen Eigenschaften in Bezug auf Temperatur, absolute Feuchtigkeit, Schichtung und

[8] vgl. Weischet (1980): 663.

Staubgehalt. Damit sich Luftmassen bilden können, müssen sich diese über einige Tage in ihrem Ursprungsgebiet aufhalten.[9] In ihrer horizontalen Ausdehnung kann eine Luftmasse große Teile eines Kontinents einnehmen und in ihrer vertikalen Ausdehnung durch die gesamte Troposphäre reichen. Luftmassen spiegeln in der Regel eine Ozean- oder Landfläche wieder, über der sie stagniert oder sich hinwegbewegt. So zum Beispiel besitzen Luftmassen, die über einem warmen tropischen Ozeangebiet liegen einen hohen Wasserdampfgehalt. In tropischen Wüsten bilden sind infolge langsam absteigender Luft warme Luftmassen mit sehr geringem Feuchtegehalt. Im Winter bleibt über kalten schneebedeckten Landflächen der arktischen Zone die untere Schicht der Luftmasse sehr kalt und trocken. Die Luftmassen werden demnach, nach der geographischen Breitenlage, welche für die thermische Eigenschaft maßgebend ist und nach der Beschaffenheit der Oberfläche gegliedert, welche den Feuchtegehalt angibt. Im Folgenden können durch Kombination der beiden Kriterien, Breitenlage und Oberflächenbeschaffenheit, sechs wesentliche Luftmassentypen unterschieden werden.

Luftmasse	Symbol	Eigenschaften	Temperatur °C	Spezifische Feuchte (g/kg)
Kontinental-arktisch bzw. antarktisch	cA, cAA	Sehr kalt, sehr trocken (Winter)	-46	0,1
Kontinental-polar	cP	Kalt, trocken (Winter)	-11	1,4
Maritim-polar	mP	Kühl, feucht (Winter)	4	4,4
Kontinental-tropisch	cT	Warm, trocken	24	11,0
Maritim-tropisch	mT	Warm feucht	24	17,0
Maritim-äquatorial	mE	Warm, sehr feucht	27	19,0

Abb. 2: Eigenschaften der Luftmassen. Quelle: Strahler (2006): 204.

4.1 Luftmassen Nordamerika

Nach Betrachtung der Abbildung 2. mit den typischen Eigenschaften von Luftmassen und der Abbildung 3. mit den Ursprungsregionen und Bewegungsbahnen von Luftmassen können für Nordamerika fünf wesentliche Luftmassentypen unterschieden werden.

Die kontinental-polaren (cP) Luftmassen Nordamerikas entstehen über dem nördlich-zentralen Kanada. Diese bilden Zungen kalter, trockener Luft, welche aus der

[9] vgl. Liljequist/Cehak (1984): 258.

Ursprungsregion bis in den Süden und Osten der Vereinigten Staaten strömen. Über dem Nordpolarmeer und den angrenzenden Landgebieten der Arktis entwickeln sich extrem kalte und stabile arktische Luftmassen (cA), welche ebenfalls bis in die südlichen Vereinigten Staaten vordringen können. Die Entstehung maritim-polarer (mP) Luftmassen erfolgt im Nordpazifik und im Beringmeer in der Region des Aleutentiefs. Die maritim-polaren Luftmassen sind kühl-feucht, da diese auf ihrem Weg südostwärts zur Westküste Nordamerikas reichlich Feuchtigkeit aufnehmen. In den Wintermonaten hat dies zur Folge, dass die Luftpakte labil werden, sodass an der Küste der Kordilleren hohe Niederschläge fallen. Ein weiteres Ursprungsgebiet maritim-polarer Luftmassen liegt im Bereich des nördlichen Atlantik. Die maritim-tropischen (mT) Luftmassen des Golfs von Mexiko bewegen sich meist nordwärts in Richtung der Vereinigten Staaten und bringen dort warme, feucht-labile Luft in den Ostteil des Landes. Insbesondere bewirken diese Luftmassen im Sommer ein schwül-heißes Klima mit vielen Gewittern. Eine weitere Ursprungsregion von maritim-tropischen Luftmassen liegt im pazifischen Ozean. Im Sommer dringen von dort aus feuchte und labile Luftmassen, gefolgt von heftigen Gewittern an die Pazifikküste vor. Die in Mexiko, Texas, New Mexico und Arizona entstandenen trockenen und heißen (kontinental-tropischen (cT)) Luftmassen verweilen zumeist in ihrem Ursprungsgebiet.[10]

[10] vgl. Strahler/Strahler (2006): 204.

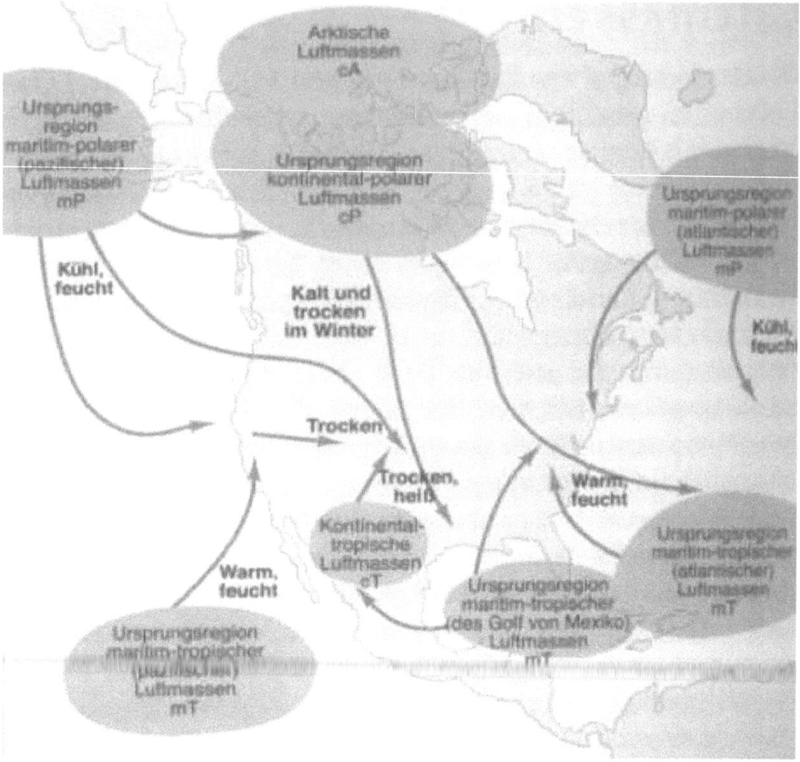

Abb. 3: Ursprungsregion und Bewegungsbahnen von Luftmassen. Quelle: Strahler/Strahler (2006): 204.

Neben den Luftmassen nehmen die Westwinde einen besonderen Einfluss auf das Klima Nordamerikas. Denn die in Nord-Süd-Richtung verlaufenden Gebirgszüge der Rocky Mountains im Westen des Kontinents haben aufgrund dessen unter anderem für die Pazifikküste überdurchschnittlich viel Niederschlag zur Folge. Die topographischen Besonderheiten Nordamerikas ermöglichen zudem einen ungehinderten meridionalen Luftmassenaustausch von polarer Kaltluft und feucht-warmer Tropikluft, da zwischen den Rocky Mountains im Westen und den Appalachen im Osten kein in Ost-West-Richtung verlaufendes Gebirge existiert.[11] In den weiteren Kapiteln werden nun auf die eben genannten topographischen Besonderheiten und klimatischen Einflüsse im Einzelnen eingegangen, um das komplexe Klimasystem Nordamerikas besser verstehen zu können.

[11] vgl. Hahn (1981): 208-209.

5. Klimatische Einflüsse Nordamerikas

Das Klima Nordamerikas ist inmitten des Bereichs der planetarischen Frontalzone (30° N bis 60° N), zwischen dem subtropischen Hochdruckgürtel und der subpolaren Tiefdruckrinne, entscheidend. Denn dort finden die für Nordamerika wichtigen klimatischen Prozesse statt. Inmitten der planetarischen Frontalzone wehen in Bodennähe die außertropischen Westwinde und in der Höhe die Strahlströme (Jetstreams), welche an der Grenze zwischen Hoch- und Tiefdruckgebieten im Bereich der Polarfront über den mittleren Breiten entstehen. Im Bereich dieser Winde trifft die kalte Polarluft von den Polen auf die warme Tropikluft vom Äquator aufeinander. Die Polarfront entsteht, wenn zwei verschiedene Luftmassen gegeneinander strömen und gleichseitig zu den Seiten abgelenkt werden.[12] Die ungefähr bei 60° N in Nordamerika aufeinander stoßenden Luftmassen (Polarfronten) können sich wegen der Topographie ungehindert meridional auf dem Kontinent austauschen. Dabei entstehen an den Luftmassengrenzen besonders über den Gebieten östlichen der Kordilleren Tiefdrucksysteme, die unter dem Einfluss der Westwinde nach Osten über Nordamerika ziehen. In Folge dessen erstreckt sich das kontinentale Klima bis an die Ostküste nach Neuengland. Die klimatischen Einflüsse der Frontalzonen (Polarfront) und der Westwinde auf den nordamerikanischen Kontinent werden nun im Folgenden erläutert.

Die *Westseite* des Kontinents unterliegt dem Einfluss der dort auf die Gebirge treffenden Westwinde, welche Zyklonen vom Pazifik mit sich führen. In Hauptwindrichtung stellen sich insbesondere hier die Hochgebirge der Kordilleren entgegen. Die feucht-gemäßigte Luft (mP) vom Pazifik kann nicht wie zum Beispiel in Europa weit ins Landesinnere vordringen, sondern stößt auf der Westseite von Nordamerika bereits schon sehr früh auf Gebirgsbarrieren.[13] Die vom Pazifik kommenden Westwinde werden, wenn diese auf Gebirgskämme stoßen, auf der Luvseite gehoben und gemäß der adiabatischen Rate abgekühlt.[14] In Folge dessen kommt es zu hohen orographischen Niederschlägen auf den Luvseiten der Gebirgsketten. Die niedrigen Küstenketten Kaliforniens haben in dieser Hinsicht noch wenig an Bedeutung, wohingegen die Gebirgszüge der Sierra Nevada, der Kaskaden und die weiter östlich liegenden Rocky Mountains sogenannte Regenfänger im Westen von Nordamerika darstellen.[15] Die *Küstenregion Kanadas* und *Alaskas* stehen

[12] vgl. Liljequist/Cehak (1984): 261.
[13] vgl. Hofmeister (1988): 25-27.
[14] vgl. Strahler/Strahler (2006): 149.
[15] vgl. Hofmeister (1988): 27-28.

ebenfalls unter dem Einfluss der niederschlagsreichen Westwinde. An den Gebirgskämmen werden die höchsten jährlichen Niederschlagsraten von bis zu über 3.000 mm gemessen. So liegen zum Beispiel die Jahresniederschlagsmengen von Yakutat in Alaska an der Pazifikküste (Abb. 4) bei knapp 3.800 mm. Die Niederschlagmaxima an der Westküste werden in den Wintermonaten erreicht.[16] Eine Ausnahme von den feucht-maritimen Westküstenbedingungen bildet das Mittelmeerklima von Kalifornien, das ganzjährig unter dem Einfluss warm-trockener und stabilen Luftmassen (cT) steht.[17]

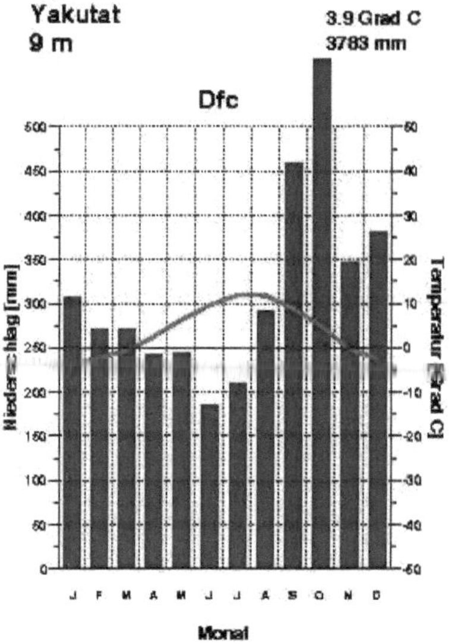

Yakutat

Monat	[mm]	[° C]
Jan	306	-3.8
Feb	270	-2.2
Mar	270	-0.6
Apr	243	2.5
Mai	245	6.3
Jun	186	9.7
Jul	210	11.9
Aug	292	11.8
Sep	458	8.9
Okt	577	5.0
Nov	346	-0.3
Dez	380	-2.5
Jahr	**3783**	**3.9**

Abb. 4: Klimadiagramm Yakutat. Quelle: Klimadiagramme Weltweit (2010): Stichwort – Yakutat.

Der Abstieg der Luftmassen, entsprechend dem trockenadiabatischen Temperaturgradienten auf den Ostseiten (Leeseiten) der Gebirgsketten, bewirkt einen austrocknenden Föhneffekt, der als Chinook bezeichnet wird. Der Chinook ist ein warmer Fallwind der zu extrem schneller Verdunstung des Schnees oder der Bodenfeuchte führt.[18] In Folge dessen kommt es auf den Regenschattenseiten zur Bildung von ausgedehnten

[16] vgl. Lenz (1988): 51.
[17] vgl. Schneider-Sliwa (2005): 35.
[18] vgl. Strahler/Strahler (1994): 92-94.

Trockengebieten in Form von Halbwüsten und Wüsten. Zwischen der Sierra Nevada und den Rocky Mountains im Gebiet der Great Basin sind solche Großlandschaften (u. a. Mojave- und Gila-Wüste) mit nur unregelmäßig fallenden Niederschlägen um 100 mm bis 250 mm zu finden. So verzeichnet beispielsweise Las Vegas (Abb. 5) Jahresniederschlagsmengen von nur knapp 100 mm.

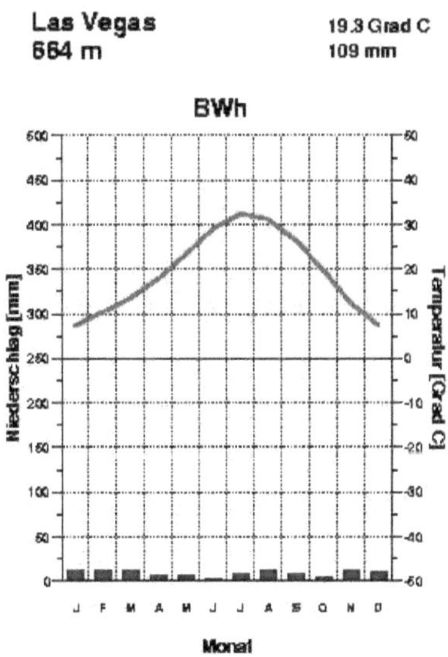

Las Vegas

Monat	[mm]	[° C]
Jan	12	7.3
Feb	12	10.4
Mar	11	13.5
Apr	6	17.8
Mai	7	23.3
Jun	3	29.0
Jul	9	32.4
Aug	12	31.2
Sep	8	26.5
Okt	5	19.7
Nov	12	12.4
Dez	10	7.4
Jahr	**109**	**19.3**

Abb. 5: Klimadiagramm Las Vegas. Quelle: Klimadiagramme Weltweit (2010): Stichwort – Las Vegas

Auch auf der Ostseite der Rocky Mountains ist unter dem Einfluss des Chinook eine solche Trockenlandschaft entstanden. Die sogenannten Great Plains erstrecken sich im Norden von Kanada (Alberta, Saskatchewan, Manitoba) bis in den Süden nach Texas über den ganzen nordamerikanischen Kontinent. Aus meteorologischer Sicht umfassen die Great Plains alle Staaten mit einem jährlichen Niederschlag unter 500 mm.[19] So auch Amarillo im Bundesstaat von Texas (Abb. 6). Die Niederschläge liegen dort bei 434 mm mit sommerlich warmen Temperaturen. In den Wintermonaten fallen die monatlichen Durchschnittstemperaturen fast bis auf den Gefrierpunkt.

[19] vgl. Hofmeister (1988): 30.

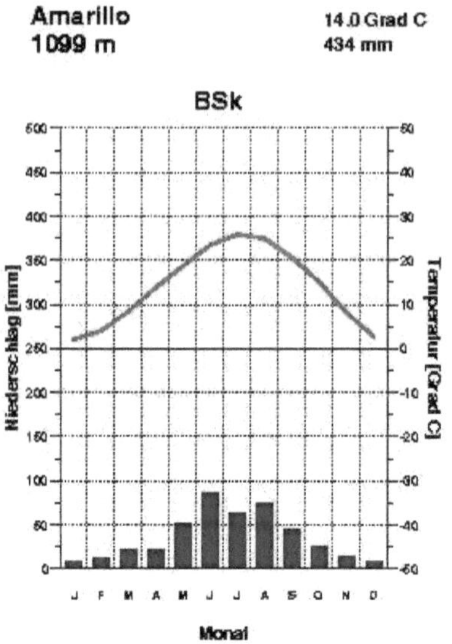

Amarillo

Monat	[mm]	[° C]
Jan	9	2.1
Feb	13	4.1
Mar	21	8.5
Apr	22	13.9
Mai	52	18.7
Jun	86	23.5
Jul	64	25.8
Aug	75	25.0
Sep	44	20.6
Okt	26	15.0
Nov	14	8.2
Dez	8	2.7
Jahr	**434**	**14.0**

Abb. 6: Klimadiagramm Amarillo. Quelle: Klimadiagramme Weltweit (2010): Stichwort – Amarillo.

Der *Südwesten der USA* wird in seinem Klima von der Lage des pazifischen Hochdruckgürtels bestimmt. In den Wintermonaten liegt der Kern des pazifischen Hochdruckgebietes im Bereich von Hawaii. Westwindzyklonen ziehen entlang der Pazifikküste und sorgen so zu relativ geringen Winterniederschlägen. Im Sommer verlagert sich das pazifische Hochdruckgebiet in Richtung Kalifornien. Die Folge dessen ist ein mediterranes Klima an der Pazifikküste mit warmen und ariden Monaten. Das weiter südlich gelegene wüstenhafte Niederkalifornien ist extrem trocken und heiß.[20] Anhand des Klimadiagramms von San Francisco (Abb. 7) im Bereich der subtropischen Winterregenzone lässt sich der Jahresgang eines typischen Mittelmeerklimas mit trockenen und heißen Sommern und regenreichen milden Wintern erkennen. In den Sommermonaten fällt an der Pazifikküste so gut wie kein Niederschlag.

[20] vgl. Hahn (1981): 209-210.

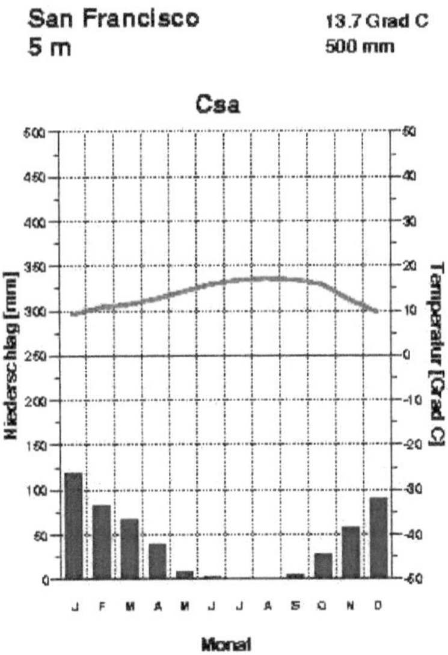

San Francisco

Monat	[mm]	[° C]
Jan	118	9.2
Feb	82	10.9
Mar	67	11.5
Apr	39	12.7
Mai	8	14.3
Jun	3	15.9
Jul	1	16.8
Aug	1	17.2
Sep	5	16.9
Okt	27	15.9
Nov	58	12.5
Dez	90	9.6
Jahr	**500**	**13.7**

Abb. 7: Klimadiagramm San Francisco. Quelle: Klimadiagramme Weltweit (2010): Stichwort – San Francisco.

Nordmexiko wird wie der Südwesten der USA vom subtropischen pazifischen Hochdruckgürtel beeinflusst. Die absteigende Luftbewegung bei gleichzeitiger starker Erwärmung führt zu extremer Trockenheit. Einzig der äußerste Nordwesten der Halbinsel Niederkalifornien steht noch unter dem Einfluss des sommertrockenen-winterfeuchten Mittelmeerklimas Kaliforniens. Der Süden Mexikos unterliegt hingegen dem Einfluss der tropischen Zirkulation. In den Sommermonaten bringen die regenbringenden Passatwinde, kommend vom Golf von Mexiko wo diese Feuchtigkeit aufnehmen, hohe Niederschläge von über 1.500 mm mit sich. Im Winter befindet sich der Süden Mexikos am Rande des subtropischen Hochdruckgürtels, der die Wolkenbildung unterdrückt und somit auch für geringere Niederschläge sorgt.[21] Das Klimadiagramm von Veracruz (Abb. 8) zeigt stellvertretend für die Ostküste Mexikos den saisonalen Verlauf der Niederschläge im Bereich der Subtropen. Im Sommer liegen die monatlichen Niederschlagsmengen bei über 300 mm, wo hingegen diese in den Wintermonaten auf deutlich unter 100 mm fallen. Die Temperaturen liegen ganzjährlich bei über 20 °C.

[21] vgl. Strahler (2006): 250-256.

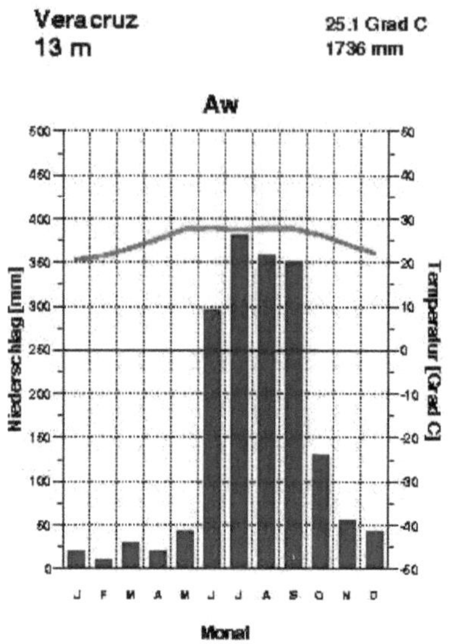

Veracruz		
Monat	[mm]	[° C]
Jan	20	20.6
Feb	10	21.5
Mar	29	23.2
Apr	20	25.3
Mai	143	27.6
Jun	295	27.9
Jul	382	27.4
Aug	358	27.8
Sep	351	27.6
Okt	129	26.3
Nov	56	24.1
Dez	43	22.2
Jahr	**1736**	**25.1**

Abb. 8: Klimadiagramm Veracruz. Quelle: Klimadiagramme Weltweit (2010): Stichwort – Veracruz.

Die Gebiete im *Süden* und im *Südosten* sind nahezu ganzjährig dem Einfluss feuchtwarmer Tropikluft (mT) aus dem Golf von Mexiko ausgesetzt. Die tropisch-maritimen Luftmassen wirken sich auf die Niederschlagsintensität des gesamten Südostens der Vereinigten Staaten aus. Insbesondere fallen in den Sommermonaten reichlich an Niederschlägen (über 1000 mm), welche von der Golfküste zum Binnenland abnehmen. Zusätzlich machen die hohen Lufttemperaturen das Klima für den Menschen nur schwer erträglich.[22] Anhand des Klimadiagramms von Miami kann der Jahresgang der Temperaturen und der Niederschläge verfolgt werden. Das Klima Miamis (Abb. 9) ist durch ein feucht-heißen Sommer und einem warmen trockenen Winter gekennzeichnet. Die durchschnittlichen Jahrestemperaturen liegen dort bei knapp 25 °C mit hohen sommerlichen Niederschlägen (Jahressumme 1.500 mm). Das warme Klima verdankt Miami nicht nur seiner niedrigen Höhenlage und der Position knapp nördlich des Wendekreises, sondern auch dem warmen Golfstrom.

[22] vgl. Hahn (1981): 209-210.

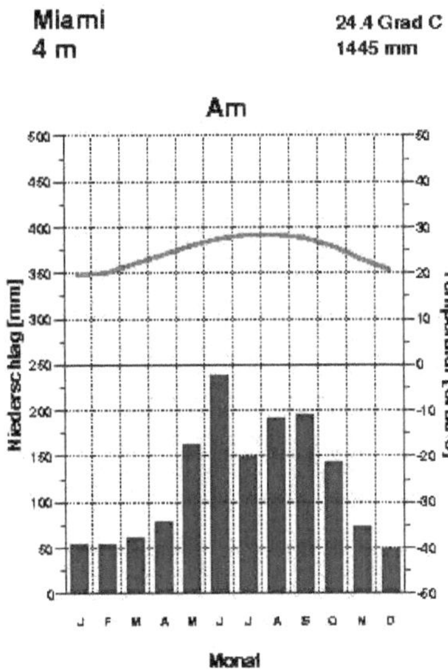

Miami

Monat	[mm]	[° C]
Jan	55	19.6
Feb	53	20.1
Mar	61	22.1
Apr	78	24.0
Mai	162	25.9
Jun	238	27.4
Jul	149	28.3
Aug	191	28.3
Sep	194	27.7
Okt	143	25.8
Nov	73	23.0
Dez	48	20.7
Jahr	**1445**	**24.4**

Abb. 9: Klimadiagramm Miami. Quelle: Klimadiagramme Weltweit (2010): Stichwort – Miami.

Das Gebiet der hauptsächlichen Bevölkerungs- und Industriekonzentration zwischen Atlantikküste und Mississippi-Oberlauf, auch als Manufacturing Belt bezeichnet, liegt im Bereich des feucht-kontinentalen Klimas mit heißen bis gemäßigten Sommern.[23] Die jährlichen Niederschlagssummen mit über 1.000 mm sind wie am Beispiel von New York (Abb. 10) über die Monate fast ausgeglichen verteilt. Im Bereich der außertropischen Westwindzone liegen die Temperaturen in den Wintermonaten um den Gefrierpunkt, wo hingegen die durchschnittlichen Temperaturen im Sommer bis zu 25 °C betragen können. Im Spätsommer werden die Golf- und Atlantikküste von tropischen Wirbelstürmen (Hurrikans) heimgesucht. Diese Wirbelstürme entstehen bei besonders großer Labilität der feuchtwarmen tropischen Luftmassen im Raum der Karibik und führen zu verheerender Zerstörung durch orkanartige Winde. Die lang anhaltenden Niederschläge und Sturmfluten fordern jährlich Todesopfer.[24]

[23] vgl. Hofmeister (1988): 30-31.
[24] vgl. Hahn (1981): 209.

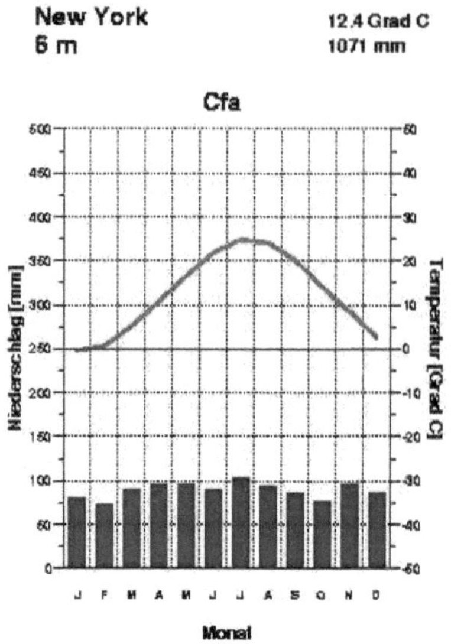

New York		
Monat	[mm]	[° C]
Jan	81	-0.4
Feb	72	0.7
Mar	91	5.3
Apr	96	10.8
Mai	96	16.7
Jun	91	21.9
Jul	104	24.7
Aug	95	24.1
Sep	86	20.1
Okt	77	14.1
Nov	96	8.5
Dez	86	2.5
Jahr	**1071**	**12.4**

Abb. 10: Klimadiagramm New York. Quelle: Klimadiagramme Weltweit (2010): Stichwort – New York.

Die meridionale Anordnung des Großreliefs Nordamerikas hat zur Folge, dass innerhalb der *Tiefebene* östlich der Rocky Mountains und westlich der Appalachen ein ungehinderter Austausch von kalter polarer Luft (cP) aus dem Norden und tropisch-warmer Luft (mT) aus dem Süden ermöglicht wird. Derartige Einflüsse ortsfremder Luftmasen betreffen weite Teile der Vereinigten Staaten und Kanadas und führen zu klimatischen Extremereignissen. Die feucht-warmen Luftmassen (mT) aus dem Golf von Mexiko können hierbei bis über die Großen Seen nach Norden vorstoßen und so zur sommerlichen Schwüle und Gewitterneigung im nördlichen Mittelwesten beitragen. Die warmen Luftmassen, kommend aus der Golfregion, sind auch für spätsommerlich-warmes Wetter in den Neuenglandstaaten verantwortlich (Indian Summer). Ebenso können die kalten Luftmassen (cP) ohne Hindernisse nach Süden vordringen. In seltenen Fällen stoßen die Kaltluftmassen in Form von Blizzards bis nach Florida vor, was zur Gefährdung der dort angesiedelten Citruskulturen führen kann.[25] Des Weiteren ist der Austausch arktischer und subtropischer Luftmassen für die Bildung außertropischer Wirbelstürme (Tornados) verantwortlich. Tornados entstehen beim Zusammentreffen von kalten und warmen

[25] vgl. Hofmeister (1988): 32.

Luftmassen, die entlang der Kaltfront extreme vertikale Temperaturgradienten bilden. In den Staaten der Central Plains und im Südosten der Vereinigten Staaten sind die Wirbelstürme besonders häufig ab Frühjahr von März bis Mai zu beobachten.[26]

Das nördliche Nordamerika wird größtenteils durch die Landmassen Kanadas eingenommen. Große Ausdehnung erreichen die polaren Zonen mit Tundrenklima, welche neben den zahlreichen Inselgruppen und der Hudson Bay (America´s icebox) auch ein Teil des nördlichsten Festlandes umfasst. Die Niederschläge und die Temperaturen nördlich des Polarkreises in Cambridge Bay auf den arktischen Viktoria-Inseln (Abb. 11) sind außerordentlich gering. Im Durschnitt fallen dort im Jahr weniger als 200 mm an Niederschlag. Die Temperaturen fallen in den Wintermonaten auf über unter – 30 °C. Einzig in den Sommermonaten von Juni bis August werden durchschnittliche Temperaturen über dem Gefrierpunkt gemessen. Die Jahresdurchschnittstemperatur liegt bei circa – 15 °C.

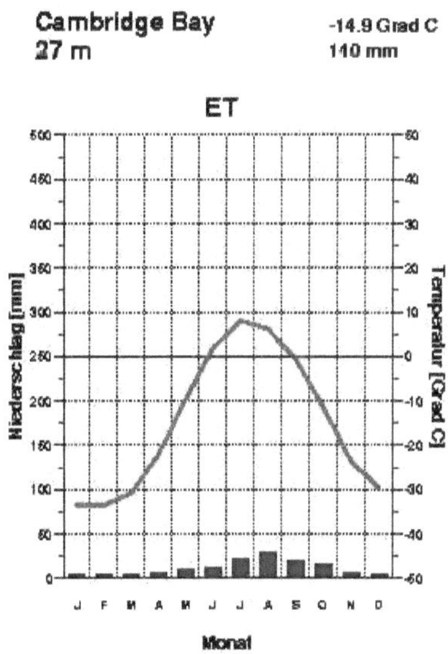

Cambridge Bay		
Monat	[mm]	[° C]
Jan	4	-33.4
Feb	4	-33.5
Mar	5	-30.7
Apr	7	-22.0
Mai	10	-9.5
Jun	12	1.9
Jul	22	8.0
Aug	29	6.2
Sep	20	-0.6
Okt	15	-11.5
Nov	7	-23.7
Dez	5	-29.6
Jahr	**140**	**-14.9**

Abb. 11: Klimadiagramm Cambridge Bay. Quelle: Klimadiagramme Weltweit (2010): Stichwort – Cambridge Bay.

[26] vgl. Schneider-Sliwa (2005): 36.

Die Zone mit borealem Klima erstreckt sich von Neufundland bis nach Alaska. Einzig der äußerste Süden Kanadas gehört den gemäßigten Klimaten Nordamerikas an. Wie bereits erwähnt, wird das Klima der pazifischen Küstenregion hier durch niederschlagsreiche Westwinde und den Einfluss des Ozeans geprägt. Im Jahresgang werden dort für kanadische Verhältnisse ausgesprochen milde und im Jahresgang relativ ausgeglichene Temperaturen gemessen. Auch das Klima der Gebirgsregionen (Kordilleren) wird durch die Westwinde und die typischen Luv- und Lee-Effekte an den Gebirgsketten bestimmt, dessen Jahresgang aber ausgeprägter ist als an der Küste.

Der mittlere Norden ist im Wesentlichen durch die Lage inmitten des Kontinents bedingt, wodurch ein ausgeprägtes kontinentales Klima mit relativ hohen Temperaturamplituden gegeben ist. Der Raum entspricht der Verbreitung des natürlichen Graslandes der Prärie und macht den Großteil der landwirtschaftlich genutzten Fläche Kanadas aus. Als Teilbereich der inneren Ebene ist die Region dem Nord-Süd gerichteten Luftmassenaustausch ausgesetzt. Zudem nimmt die Lage im Regenschatten der Rocky Mountains, wie an anhand von Edmonton (Abb. 12) zu sehen, negativen Einfluss auf den Jahresgang der Niederschläge. In den Wintermonaten werden Temperaturen von – 10 °C und kälter gemessen.

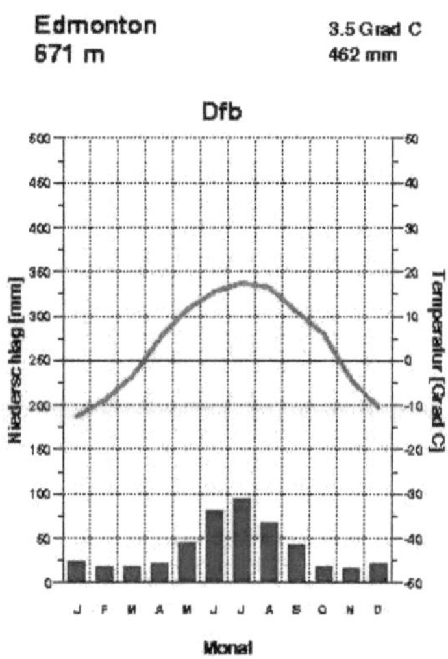

Edmonton

Monat	[mm]	[° C]
Jan	23	-12.5
Feb	17	-8.9
Mar	17	-3.6
Apr	22	4.9
Mai	44	11.6
Jun	80	15.6
Jul	95	17.5
Aug	67	16.6
Sep	42	11.1
Okt	17	5.9
Nov	16	-4.2
Dez	22	-10.5
Jahr	**462**	**3.5**

Abb. 12: Klimadiagramm Edmonton. Quelle: Klimadiagramme Weltweit (2010): Stichwort – Edmonton.

Die südlichste Region Kanadas erstreckt sich von Ontario bis zum St. Lorenz bei Quebec, wo das Klima noch kontinental geprägte Temperaturamplituden aufweist. So liegen zum Beispiel in Chicago (Abb. 13) die durchschnittlichen Wintertemperaturen bei unter 0 °C und im Juli im Mittel bei sommerlichen 24 °C. In Ontario haben die Großen Seen einen mildernden Einfluss, sodass die Temperaturen in dem Gebiet etwas höher liegen. Im Winter kann es über den Großen Seen zu dem sogenannten Lake-Effekt kommen. Hierbei resultieren Schneefälle in Südontario durch kalte Nordwinde, die mit Luftmassen über den relativ wärmeren Seeflächen zusammenstoßen. Die Region um Quebec wird neben den gefürchteten Blizzards insbesondere von atlantischen Luftmassen beeinflusst. Blizzards können meterhohe Schneefälle zur Folge haben.

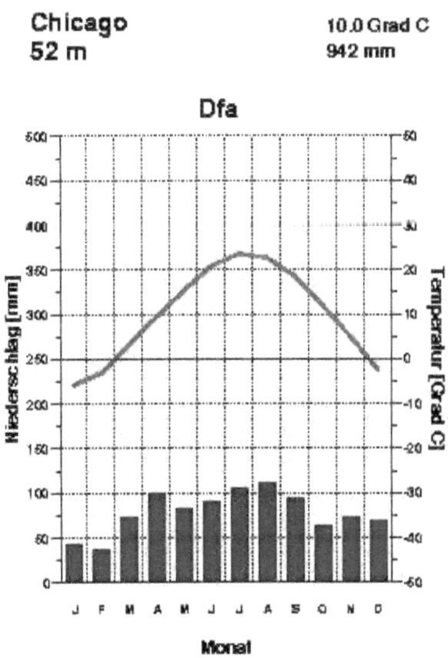

Chicago		
Monat	[mm]	[° C]
Jan	43	-5.7
Feb	37	-3.2
Mar	72	3.3
Apr	99	9.5
Mai	83	15.4
Jun	90	20.9
Jul	105	23.6
Aug	111	22.7
Sep	94	18.6
Okt	64	11.9
Nov	74	4.9
Dez	78	-2.5
Jahr	**942**	**10.0**

Abb. 13: Klimadiagramm Chicago. Quelle: Klimadiagramme Weltweit (2010): Stichwort – Chicago.

5.1 Temperatur

Die unterschiedliche Verteilung der Temperaturen für Januar und Juli in Nordamerika kann aus den Isothermen (Abbildungen 14 & 15) unten entnommen werde. In Nordamerika sind die Temperaturen äußerst kontrastreich. Die niedrigsten Temperaturen verzeichnet man in den Wintermonaten im Norden mit über unter – 40 °C. Im Landesinneren sind die Winter kälter und länger als an der Küste, mit Temperaturen weit unter dem Gefrierpunkt. Die Sommermonate sind allerdings wärmer. Im Sommer werden in den Wüsten des Südwestens der USA als auch in Teilen Mexikos Durchschnittstemperaturen von über 30° C gemessen. Der Temperaturrekord wurde im Jahr 1913 mit 56,7 °C im kalifornischen Death Valley gemessen. Die Spitzentemperatur kommt im kalifornischen Death Valley deshalb zustande, weil sich die Hitze im Tal staut. Der tiefste Punkt des Hitzetals befindet sich 85,5 Meter unterhalb des Meeresspiegels.[27] Extreme Unterschiede herrschen auch zwischen den Jahreszeiten, da aufgrund des Einflusses der polaren Luftmassen, die ungehindert bis in sehr niedrige Breiten strömen, die Winter ausgesprochen kalt werden. Die Sommer dagegen sind wegen der Wirkung des subtropischen Hochdruckgebietes des Atlantiks sehr heiß. Der Jahresgang der monatlichen Temperaturen einzelner Stationen wurde bereits im Kapitel zuvor erläutert.

[27] vgl. Focus Online (2006).

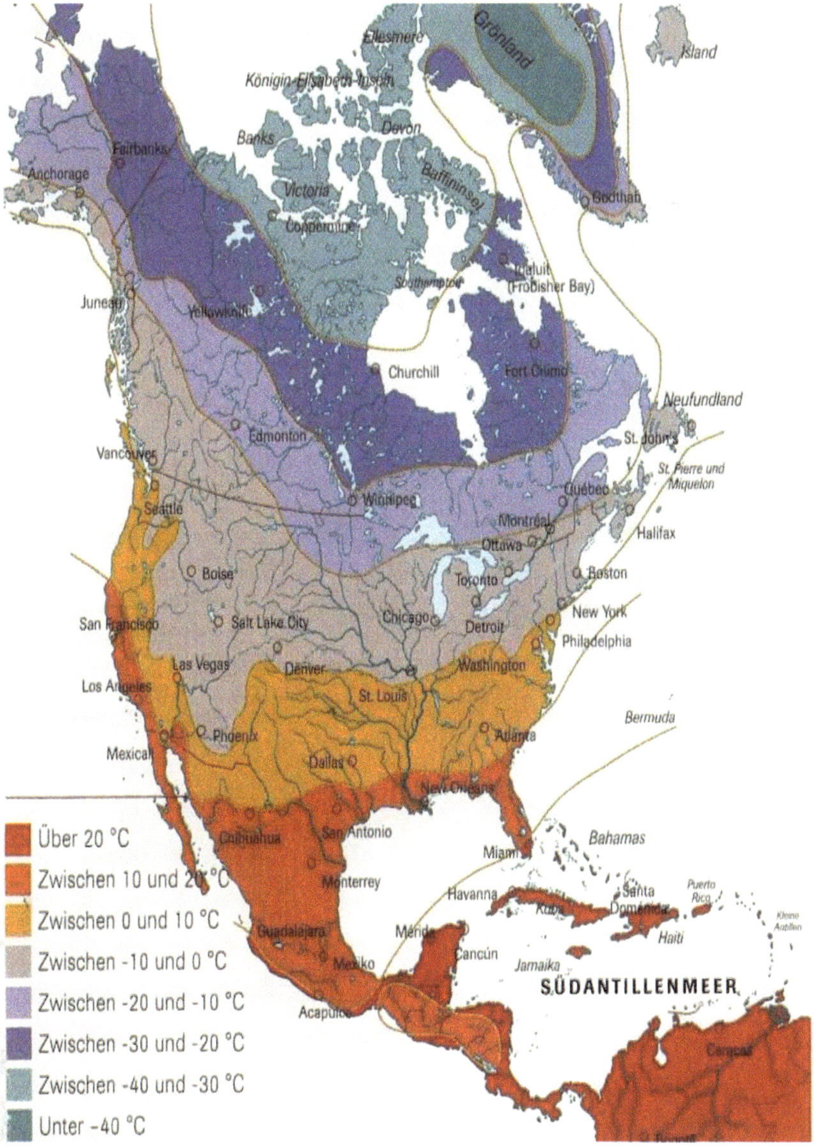

Abb. 14: Temperaturen Januar Nordamerika. Quelle: Erdkunde Wissen (2005).

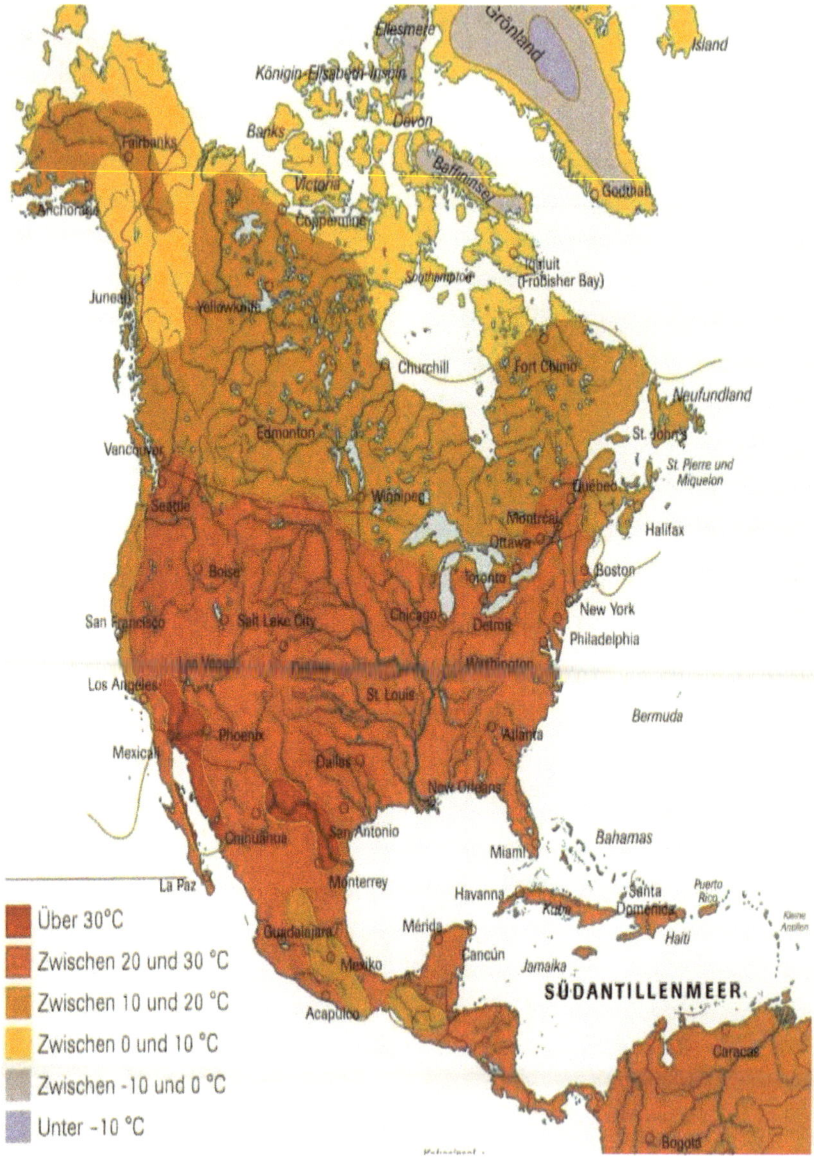

Abb. 15: Temperaturen Juli Nordamerika. Quelle: Erdkunde Wissen (2005).

5.2 Niederschlag

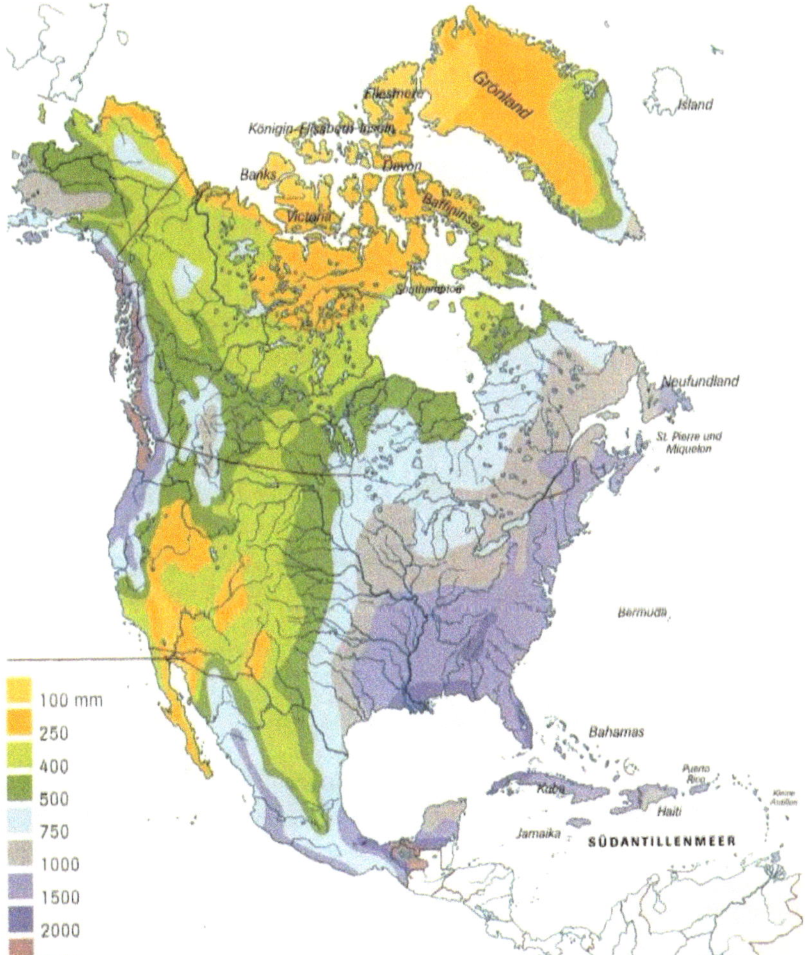

Abb. 16: Durchschnittlicher Niederschlag Nordamerika. Quelle: Erdkunde Wissen (2005).

Die Osthälfte Nordamerikas ist allgemein niederschlagsreicher als die Westhälfte. Eine Ausnahme bildet die Nordhälfte der Pazifikküste, an der beträchtliche Niederschläge auf der Luv-Seite der Kordilleren fallen. Innerhalb der Kordilleren ist die Niederschlagsverteilung sehr stark von der regionalen Topographie geprägt. Die Lee-

Seiten außerhalb der Kordilleren sind niederschlagsarm. Der südliche Teil Kaliforniens ist durch ein mediterranes Klima geprägt, an deren südwestlichem Rand die Wüsten liegen, in denen jährlich weniger als 200 mm Regen fallen. Im Gegensatz zu den kontinentalen Regionen, wo die Regenfälle jahreszeitlich bedingt sind, erhält der Süden Mexikos an der Ostküste reichlich an Niederschlägen mit über 1.500 mm pro Jahr. Im Osten Nordamerikas macht sich der maritime Einfluss deutlich bemerkbar. An der gesamten Ostküste des nordamerikanischen Kontinents sind relativ hohe Jahressummen zu verzeichnen, die Intensität nimmt von Norden nach Süden zu. Insbesondere an der Küste des Golfs von Mexiko betragen die Jahressummen über 1.500 mm. Die tropisch-maritimen Luftmassen, die diese Niederschläge auslösen, wirken sich auf die Niederschlagsintensität des gesamten Südostens der USA aus. Die Trockengrenze, welche im Folgenden behandelt wird, ist in der Abbildung 16. in Dunkelgrün mit Niederschlägen von circa 500 mm gut zu erkennen.

5.3 Evapotranspiration

Der Atmosphäre wird Wasserdampf durch Verdunstung von der Erdoberfläche zugeführt. Die Verdunstung (Evaporation) erfolgt nicht nur von den Ozeanen, Seen, Flüssen und Sümpfen der Kontinente und den Poren des Bodens, sondern auch von der Vegetation (Transpiration). Die Berücksichtigung aller Faktoren, insbesondere im agrarmeteorologischen Zusammenhang, beschreibt den Vorgang der Evapotranspiration. Die großen Wasserdampfproduzenten sind die tropischen und subtropischen Meere, von denen aus der Wasserdampf dann durch die Allgemeine Zirkulation in höhere Breiten transportiert wird. Die Verdunstung ist abhängig von der Temperatur der Wasseroberfläche, von der Lufttemperatur und Luftfeuchtigkeit und vom Wind in der Schicht unmittelbar über der Wasseroberfläche. Die mittlere Verdunstung pro Jahr errechnet sich aus dem mittleren Jahresniederschlag über einem Einzugsgebiet eines Flusses und dessen Abfluss. Der Unterschied dieser beiden Werte ist die Wassermenge, welche verdunstet oder als Grundwasser der Beobachtung entging. Die gegenseitigen Größenverhältnisse von Niederschlag und Verdunstung bestimmen, ob ein Gebiet eher feucht oder trocken ist. Wenn beide Werte im Durchschnitt annähernd gleich groß sind, wird der Abfluss praktisch Null, d. h. die Flussbette trocknen gewöhnlich aus. Nach hydrometeorologischen Gesichtspunkten wird zwischen ariden, humiden und nivalen Klimaten unterschieden.[28]

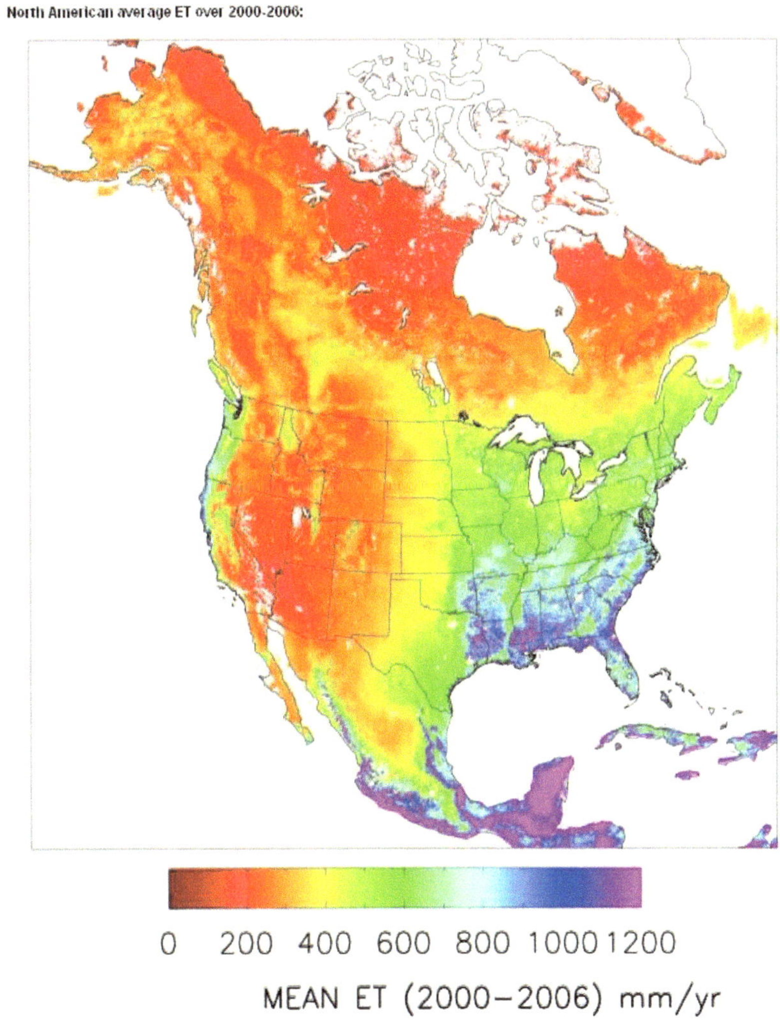

Abb. 17: North American average Evapotranspiration over 2000-2006. Quelle: NTSG (o. J).

[28] Vgl. Liljequist/Cehak (1983): 159-160.

Die Abbildung 17. zeigt die jährlich gemessene Evapotranspiration über den Zeitraum von 2000 bis 2006. In den Gebieten im Norden und im Südwesten, im Bereich der Great Basin, liegen die Messwerte der Evapotranspiration zwischen 0 und 200 mm. Erst östlich der Trockengrenze bei 100° W fangen die Werte bis auf 700 mm zu steigen. Die höchste Evapotranspiration wird im entlang der Golfküste im Süden und in Mexiko gemessen. Dort liegen die Messungen bei über 1.000 mm pro Jahr.

6. Trockengrenzen Nordamerikas

Nach PENCK ist die klimatische Trockengrenze eine gedachte Linie entlang des Übergangs von humiden zu ariden Klimaten. Entlang dieser Linie ist die Niederschlagsmenge gleich der Verdunstungsmenge (Trockengrenze: N = V).[29] Für Nordamerika liegt die Lage der klimatischen Trockengrenze ungefähr bei 100° westlicher Länge im Gebiet der Great Plains. Entlang dieser Trockengrenze werden durchschnittliche Jahresniederschläge von circa 500 mm gemessen, was einen entscheidenden Einfluss auf die landwirtschaftliche Nutzung der Gebiete hat. Aus dieser vereinfachten Unterteilung ergeben sich für den nordamerikanischen Kontinent ein humider Osten und ein arider Westen. Die klimatische Trockengrenze ist in Abb. 18 farblich in blau dargestellt. Ingrid und Dieter HENNING haben intensive Untersuchungen (1977) bezüglich der klimatischen Wasserbilanz von Nordamerika angestellt und dabei festgestellt, dass die Gebiete mit negativer Wasserbilanz, d. h. die ariden Klimaregionen, weit ausgedehnter sind, als es den bisherigen Darstellungen von Klimaklassifikationen zu entnehmen ist. Demnach fällt wie nach der PENCK´schen Definition angenommen, die klimatologische Trockengrenze nicht mit der Steppengrenze zusammen. Die klimatologische Wasserbilanz von HENNING´s errechnet sich aus den Verdunstungsberechnungen nach dem Ansatz von PENMAN und der Bestimmung des Energieterms nach ALBRECHT. Die Linien der ausgeglichenen klimatologischen Jahreswasserbilanzen (gelb markiert), sowie die Gebiete mit negativer und positiver Bilanz sind in Abbildung 18 dargestellt. Bei der regionalen Auswertung der Bilanzwerte lassen sich mehrere humide und aride Klimaregionen unterscheiden. Dabei treten drei Haupttrockengrenzen hervor: eine atlantische, eine zentrale und eine pazifische. Die größte Erstreckung hat die zentrale gelegene Trockengrenze im Bereich der Great Plains, welche im Norden in Kanada am Westufer der Hudson Bay beginnt und sich in

[29] vgl. Lauer (2006): 270.

südwestliche Richtung nach Winnipeg/Manitoba (circa 95° W) erstreckt. Weiter in südliche Richtung verläuft die Trockengrenze im Präriegebiet des US-amerikanischen Mittelwestens nach Osten bis nach Indianapolis/Indiana bei circa 85° westlicher Länge. Bei Port Arthur zwischen den Staaten Texas und Louisiana (ca. 95° W) endet die klimatologische Trockengrenze im Golf von Mexiko. Aus den Berechnungen von HENNING´s ist der nordamerikanische Kontinent nur zu einem Drittel humid geprägt. Auf der Westseite des nordamerikanischen Kontinents gehört der Küstenbereich von Alaska bis zur Grenze Oregon/Kalifornien noch dem humiden Klimagebiet an. Westlich der Trockengrenze liegen dort die feuchtesten Regionen, bzw. die Stationen mit den höchsten gemessenen Jahreswasserbilanzen des Kontinents. In Yakutat an der Pazifikküste Alaskas werden Jahresbilanzen über 3.000 mm gemessen. Der Kern der ariden Klimaregionen liegt im Südwesten der Vereinigten Staaten im Bereich zwischen 95° W und 100° W, wo die Prärien in die Trockensteppen übergehen. In dem Bereich wo die agronomische Trockengrenze erreicht wird, liegen die negativen Jahreswasserbilanzen wie z. B. in Laredo/Texas bei circa 1.500 mm. Die Aridität in Teilgebieten des Südostens ist vergleichsweise schwach, sodass keine Station negative Jahreswasserbilanzen von mehr als 200 mm erreichen. Die Trockengrenze kommt durch den Einfluss des Bermudahochs und wegen der vereinzelten Lage von Stationen im Regenschatten der Appalachen zustande. Die in der Jahreswasserbilanz abweichenden Werte wurden zwischen den Isolinien durch Positiv- bzw. Negativzeichen markiert. Isolierte Positivzeichen beschreiben z. B. Stationen mit humiden Klima in tendenziell ariden Klimaregionen und umgekehrt.[30]

[30] vgl. Henning/Henning (1977): 51-66.

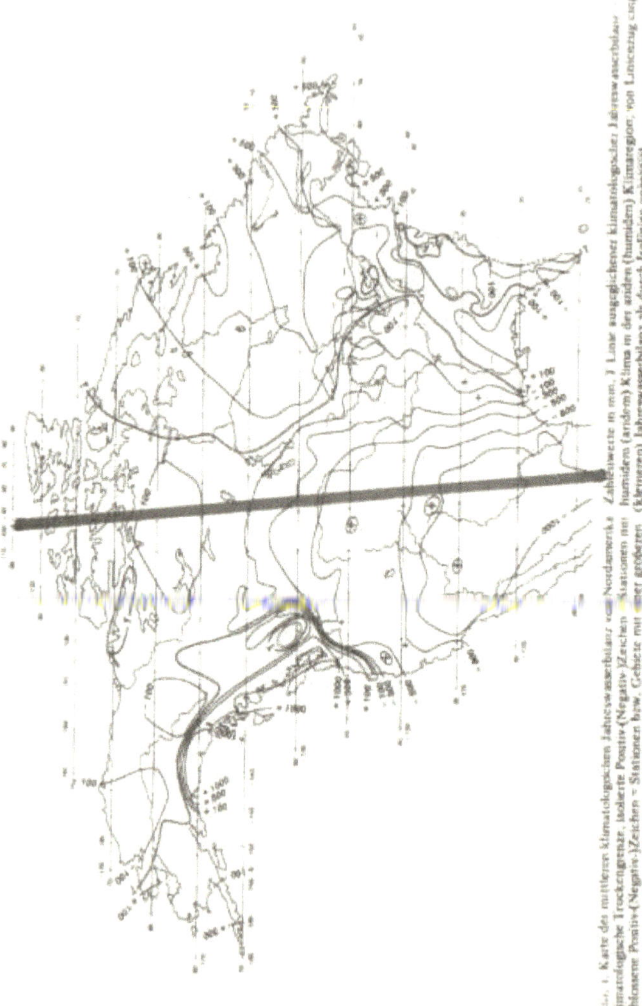

Abb. 18: Mittlere klimatologische Wasserbilanz von Nordamerika. Quelle: Henning/Henning 1977): 58.

7. Klimaklassifikation Nordamerikas

Das Klima der Erde kann anhand von Klimaklassifikation wie der nach STRAHLER (1978) beschrieben werden. Nachdem nun die in Nordamerika wirkenden klimatischen Einflüsse erläutert wurden, erhält man abschließend einen vereinfachten Überblick der Klimaten (Abb. 19). Der Darstellung werden drei Haupttypen von Klimaten aufgrund ihrer geographischen Lage zugeordnet: Klimaten der niederen Breiten (Group I), der mittleren Breiten (Group II) und der hohen Breiten (Group III). Innerhalb jeder dieser Gruppen werden zwischen unterschiedlichen Klimatypen unterschieden. Bei genauerer Betrachtung des nordamerikanischen Kontinents fällt die enorme Vielfalt der Klimatypen auf, die in der Legende daneben beschrieben werden. Um davon einen Eindruck zu kommen, wird im Folgenden ein Breitengradvergleich entlang 40° N unternommen. Zusätzlich werden die Klimatypen des Nordens und des Südens erläutert.

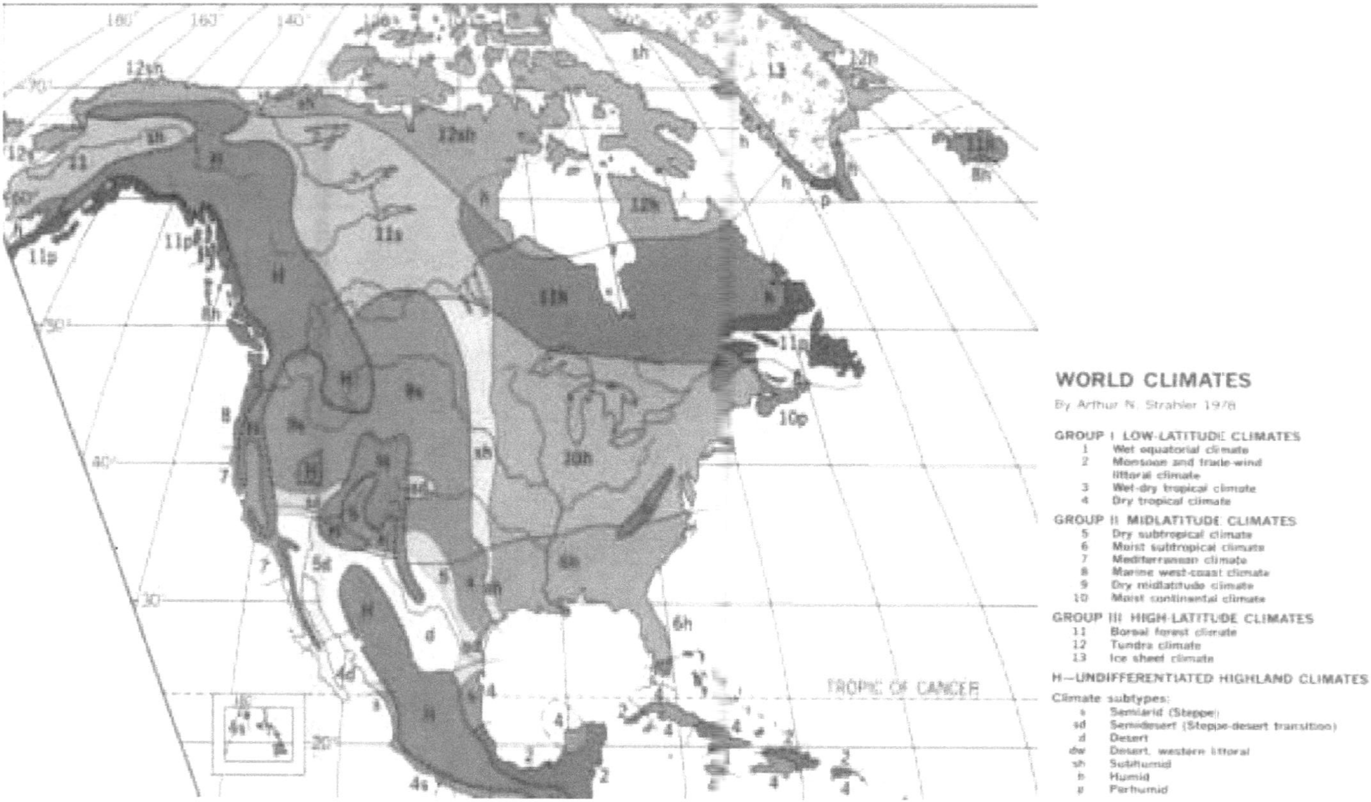

Abb. 19: Klimaklassifikation nach Strahler (1978). Quelle: Strahler (1992): 24

In den mittleren Breiten (entlang 40° N) lässt sich von West nach Ost der Übergang von einem ozeanisch geprägten zu einem kontinentalen Klima erkennen. An der Pazifikküste herrscht Mittelmeer- und maritimes Westküstenklima mit ganzjährlich hohen Niederschlagsraten. In den Sommermonaten liegen diese für den mediterranen Raum leicht geringer. Nach den nicht genauer differenzierten Hochgebirgsklimaten schließt sich kurz darauf im Regenschatten der Gebirgsketten das semiaride Steppenklima der Great Basin und der Great Plains an. Der Jahresgang der Temperaturen ist dort großen Schwankungen mit warm-heißen Sommern und sehr kalten Wintern unterworfen. Ab der Trockengrenze, an der östlichen Randzone der Great Plains, beginnt das feucht kontinentale Klima der mittleren Breiten, welches bis an die Atlantikküste reicht. An der Randzone der Great Plains bilden die Prärien eine riesige landwirtschaftlich genutzte Anbaufläche, der als Kern des nordamerikanischen Getreidegürtels (corn belt) gilt. Die jahreszeitlichen Temperaturunterschiede sind auch hier sehr groß. Im Gegensatz zu der westlichen Trockenlandschaft ist im östlichen Teilgebiet Nordamerikas das ganze Jahr über deutlich mehr Niederschlag (> 500 mm) vorhanden.[31]

In den nördlichen subarktischen und arktischen Breitenzonen liegt das boreale Nadelwaldklima mit langen und extrem kalten Wintern und kurzen kühlen Sommern. Obwohl die Jahresniederschläge (300 mm) eher gering sind, liegt den ganzen Winter über eine gefrorene Schneedecke auf dem festgefrorenen Boden. In dem weiter nördlich gelegenen subhumiden Tundrenklima bewirkt die Meeresnähe, dass die Wintertemperaturen nicht auf das Niveau der extrem niedrigen Werte des kontinentalen Landesinneren fallen.[32] Südlich der mittleren Breiten liegt im Südwesten der Vereinigten Staaten das trockene subtropische Klima mit Niederschlägen weniger als 100 mm pro Jahr und heißen sommerlichen Temperaturen. Nördlich der Wendekreise gelegen, bildet diese Region die nordamerikanische Wüstenlandschaft. Auf gleicher geographischer Breite liegen im Südosten die feuchten Subtropen, welche ganzjahreszeitlich hohe Niederschläge zu verzeichnen haben. Den warmen Temperaturen im Sommer folgen etwas mildere Temperaturen in den Wintermonaten.[33]

---

[31] vgl. Strahler/Strahler (2006): 257-273.
[32] vgl. Strahler/Strahler (2006): 275-278.
[33] vgl. Strahler/Strahler (2006): 261-264.

8. Hydrogeographie Nordamerikas

Im Folgenden stehen unter hydrogeographischen Gesichtspunkten die fließenden und stehenden Oberflächengewässer Nordamerikas im Fokus. Der Wasserhaushalt wird diesbezüglich auf räumlich-zeitliche Änderungen, Verteilung und Speicherung des Wasservorkommens untersucht. Darüberhinaus wird die Nutzung und der Verbrauch des vorhandenen Wasserpotentials durch den Menschen betrachtet. Abschließend wird anhand des Trockenraumes im Südwesten der Vereinigten Staaten die Problematik des zur Verfügung stehenden Wasserpotentials erläutert.

8.1 Oberflächengewässer

Die Fließbewegungen von Gewässern werden durch den Abfluss (Q) beschrieben. Dieser wird definiert als das Wasservolumen, das in einer gegebenen Zeiteinheit durch den Querschnitt des Gewässers an der Messstelle fließt. Der Abfluss wird in Kubikmeter pro Sekunde ausgedrückt. Die Aufzeichnungen von Tage- und Hochwasserabflüssen stellen eine wichtige Datengrundlage für die Planung baulicher Vorkehrungen zum Hochwasserschutz sowie für die Vorhersage von Hochwassern dar. In den Vereinigten Staaten werden die Abflussmessungen durch den US Geological Survey und in Kanada vom Water Survey of Canada erhoben. Auf der Karte in Abbildung 20 sind die durchschnittlichen Abflussmengen der großen Flüsse von Nordamerika mit größer als 1.000 m^3/s dargestellt. Eine Übersicht über die größten Flüsse, mit dessen Abflussmengen und deren Einzugsgebiete, ist dem Anhang (Abb. 24 & 25) zu entnehmen. Hervorzuheben sind die enormen Abflussmengen des Mississippi (16.200 m^3/s) in den Golf von Mexiko im Süden der Vereinigten Staaten. Die Abflüsse des Columbia River (7.500 m^3/s), der große Teile der Rocky Mountains im Südwesten Kanadas und im Nordwesten der USA entwässert und der Abfluss aus den Großen Seen durch den Saint Lawrence (10.100 m^3/s) sind ebenfalls zu Berücksichtigen. Im Norden in Kanada münden der Mackenzie (9.9100 m^3/s) in den arktischen Ozean und der Yukon (2.360 m^3/s) in Alaska in das Beringmeer mit ebenso großen Abflussmengen. Wie zum Beispiel anhand des Mississippi zu erkennen ist, nimmt der Abfluss größerer Flüsse zur Mündung ins Meer hin durch die Aufnahme der Wassermassen von tributärer Nebenflüsse zu. Im Allgemeinen ist ein größerer Querschnitt eines Fließgewässers mit einem geringeren Gefälle verbunden. Im Unterlauf des

Mississippi beträgt das Gefälle der Wasseroberfläche nur drei Zentimeter auf einen Flusskilometer.[34]

Auffällig ist, dass die Flüsse im Südwesten der Vereinigten Staaten keine größeren Abflussmengen als 1.000 m^3/s aufzuweisen haben. Als Südwesten der USA wird hier im Wesentlichen das Great Basin sowie das Einzugsgebiet des Colorado River mit seinen Anrainerstaaten Kalifornien, Arizona, Nevada, Utah, New Mexico, Colorado und Wyoming verstanden. Die geringen Niederschläge werden im besagten Trockenraum zusätzlich durch hohe Verdunstungsraten reduziert, sodass im Südwesten im Allgemeinen eine geringe Flussdichte herrscht.[35] Unter *Flussdichte* wird die Entwässerungsfähigkeit eines Einzugsgebietes verstanden, welche von den geologischen und pedologischen Verhältnissen sowie vom Niederschlagsangebot beeinflusst wird. Die Flussdichte hängt insbesondere mit dem Bodenspeicherungsvermögen zusammen, d.h. ist sie gering, kann aufgrund der erhöhten Verdunstung eine Verminderung des jährlichen Abflusses erwartet werden.[36] Zudem weist das Einzugsgebiet keinen Auslass, bzw. keinen Abfluss in die Ozeane auf. Die meisten Niederschläge fallen in den Wintermonaten und im Frühjahr, sodass sich die höchsten Abflüsse auf etwa den gleichen Zeitraum konzentrieren. Der größte Verbrauch tritt allerdings aufgrund der Bewässerungslandwirtschaft und durch den erhöhten Verbrauch in den Städten in den Sommermonaten auf. Einzig der Colorado River mündet mit verhältnismäßig wenig Wassermassen in den Golf von Kalifornien, da dessen Wasserführung und dessen Abflussmengen vom zeitlichen Strom- und Wasserbedarf der Bevölkerung gesteuert werden. Vorzugsweise werden die Wassermassen in den zahlreichen Stauseen (Lake Mead, Lake Powell und weitere) entlang des Colorado River und seiner Nebenflüsse zum Zweck des raumzeitlichen Bedarfs gespeichert. Der Colorado River speist sein Wasser aus den Winterniederschlägen und aus dem Tauwasser des Schnees und der Eismassen der Rocky Mountains, welche im Frühjahr zu tauen beginnen. Daraus folgt, dass die jährliche Abflussganglinie in großem Maße durch die im Frühjahr beginnende Schneeschmelze beeinflusst wird. Über den gesamten Jahresverlauf betrachtet ergibt sich somit eine stark ausgeprägte Saisonalität des Abflusses mit Spitzenwerten in den Sommermonaten.[37]

---

[34] vgl. Strahler/Strahler (2006): 539-541.
[35] vgl. Jürgens (2006): 114-117.
[36] vgl. Dyck/Peschke (1989): 188.
[37] vgl. Jürgens (2006): 114-117.

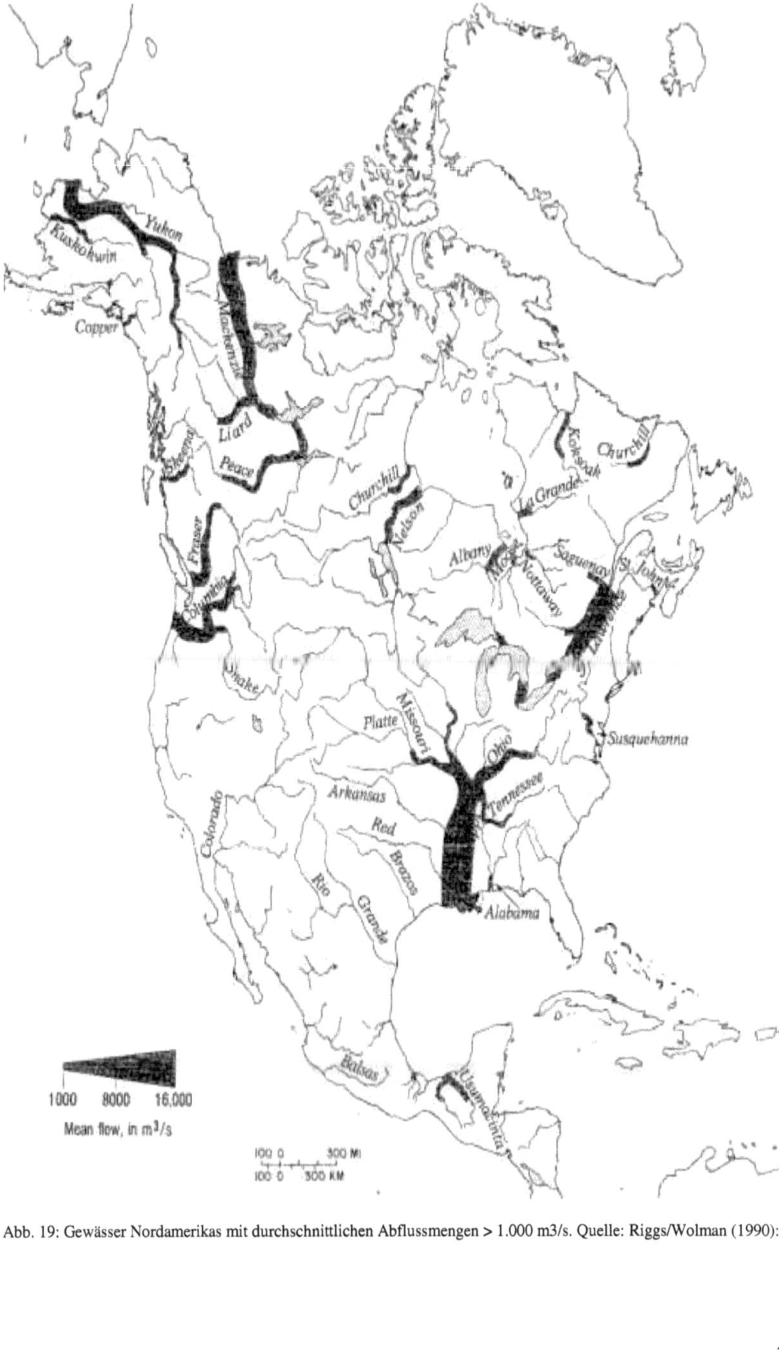

Abb. 19: Gewässer Nordamerikas mit durchschnittlichen Abflussmengen > 1.000 m3/s. Quelle: Riggs/Wolman (1990): 2.

8.2 Wasserscheiden Nordamerikas

Eine Wasserscheide ist die Grenzlinie zwischen zwei benachbarten Flusssystemen, entlang der alle Niederschläge als Abfluss entweder auf der einen Seite oder der anderen ablaufen. Die Wasserscheiden, die einen Fluss und seine Nebenflüsse gegen ihren Nachbarn abgrenzen, sind gleichzeitig die Grenzen seines Einzugsgebiets, das durch das Netzwerk der Flüsse und Bäche entwässert wird. In Nordamerika trennt die kontinentale Wasserscheide (engl.: Great Divide) entlang der Rocky Mountains alle die in den Pazifik fließenden Gewässer von denen ab, die in den arktischen oder den atlantischen Ozean münden.[38] Die Grenzlinie verläuft im Nordwesten Kanadas südlich entlang dem Gebirgskamm der Rocky Mountains in den Vereinigten Staaten bis nach Mexiko. Der Wasserscheidepunkt mit Abfluss in alle drei Ozeane ist der Triple Divide Peak im Glacier-Nationalpark in Montana. Dieser stellt den Berührungspunkt dar, an dem sich die Einzugsgebiete des atlantischen Ozeans mit denen des Pazifiks und des arktischen Ozeans berühren. Ein weiterer Punkt, der eine dreifache Wasserscheide darstellt, ist das Columbia-Eisfeld. Dieser liegt ebenfalls auf der nordamerikanischen Wasserscheide in den kanadischen Rocky Mountains. Von diesem Punkt aus fließen Wassermassen in den pazifischen Ozean über das Columbia Flusssystem, in den arktischen Ozean entlang dem Athabasca und dem Mackenzie und in die Hudson Bay über das Flusssystem des nördlichen Saskatchewan. Ein weiterer dreifacher Wasserscheidepunkt liegt in Hibbing/Minnesota, wo sich die nördliche mit der östlichen Wasserscheide schneidet. Die nördliche kontinentale Wasserscheide (Laurentian Divide) grenzt das Einzugsgebiet der Flüsse im östlichen und südlichen Kanada von denen im nördlichen Mittleren Westen der Vereinigten Staaten ab. Der Saint Lawrence trennt die Großen Seen vom restlichen Teil des atlantischen Ozeans. Die östliche Wasserscheide von New York entlang den Appalachen bis nach Florida trennt den Golf von Mexiko vom Atlantischen Ozean. Das südwestlich gelegene Great Basin zwischen der Sierra Nevada und den östlichen Rocky Mountains bildet ein abflussloses Becken, in denen sich die Abflüsse der Gewässer in Seen sammeln. Der abflusslose Great Salt Lake (Große Salzsee) erfährt lediglich Wasserverlust durch Evaporation.[39]

[38] vgl. Press/Siever (1995): 294.
[39] vgl. Gonzales (o. J.): 3-5.

Abb. 20: Kontinentale Wasserscheiden. Quelle: National Atlas US (2003): Stichwort – Continental Divides.

8.3 Wasserverbrauch in den USA und in Kanada

Nach Schätzungen des US Geological Survey lag in den Vereinigten Staaten der tägliche Wasserverbrauch im Jahr 2005 bei mehr als 410.000 Millionen Gallonen (Mgal/d). Überwiegend wurden das Wasser aus den Oberflächengewässern (328.000 Mgal/d) entnommen. Der restliche Anteil wurde dem Grundwasser entzogen. Allein vier Staaten, Kalifornien, Texas, Idaho und Florida, beanspruchten mehr als 25 Prozent der gesamten Wassermassen für den Eigenverbrauch. Allein der Staat Kalifornien nutzt davon die Hälfte für die Feldbewässerung (53%) und die Kernenergie (28%).[40] Für den gesamten US-amerikanischen Raum wurden die Wassermassen prozentual für die folgende Zwecke benötigt:

- Öffentliche Wasserversorgung (Haushalt, Industrie & andere Zwecke) = 12 %
- **Feldbewässerung = 31 %**
- Vieh-/Tierhaltung und Aquakulturen = 3 %
- Industrie (Lebensmittel, Chemie, usw.) = 4 %
- Bergbau = 1 %
- **Kernenergie = 49 %**

Aus der Karte (Abb. 22) kann entnommen werden, welche Staaten einen besonders hohen Bedarf an Wasser haben. An der Ostküste werden enorme Mengen für die Atomindustrie benötigt. Die Trockenlandschaften des Südwestens nutzen das Wasser größtenteils für die Feldbewässerung. In den Staaten von Texas und Kalifornien ergibt sich der hohe Bedarf aus der Kombination von Bewässerung und Kernenergie.

[40] vgl. Kenny u. a. (2009): 4.

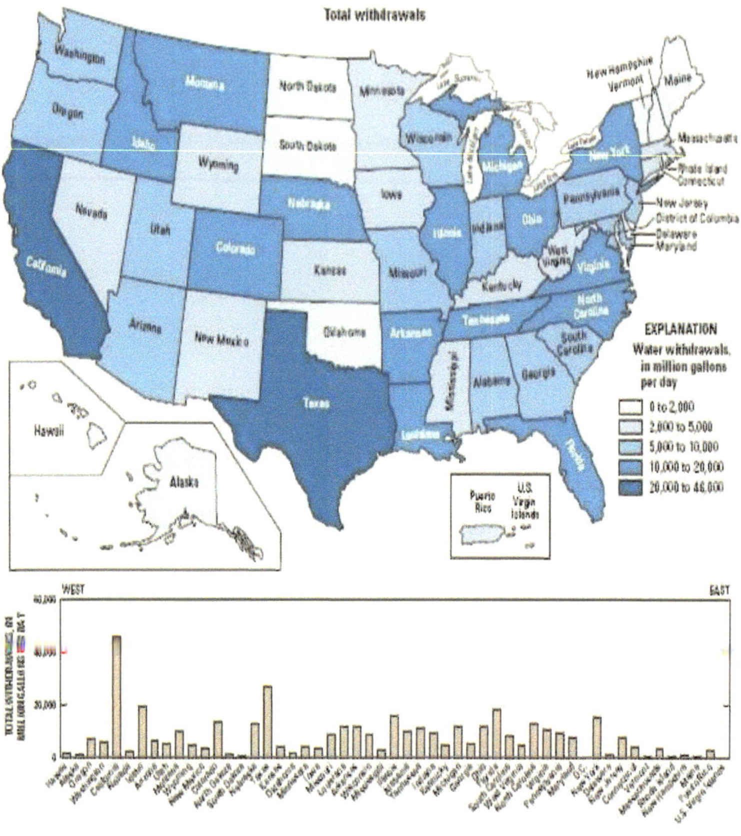

Abb. 21: Oberflächen-und Grundwasserentnahme im Jahr 2005 pro Tag. Quelle: Kenny u. a. (2009): 13.

Kanada rangiert bezüglich des täglichen Pro-Kopf-Verbrauchs hinter den Vereinigten Staaten auf Platz 2 aller Industrienationen. Der Wasserverbrauch der Kanadier liegt bei über 1.5 Millionen qm^3 oder anders ausgedrückt bei schätzungsweise 4.400 Liter pro Einwohner. Ähnlich wie in den USA werden die meisten Wassermassen größtenteils für die Energieerzeugung genutzt. Der höchste Verbrauch zur landwirtschaftlichen Bewässerung der Ackerflächen liegt im Flussbecken des Saskatchewan in Alberta. Nur ein geringer Anteil wird für die Viehhaltung genutzt. Der Wasserbedarf der Menschen in den Städten liegt bei durchschnittlich 638 Liter pro Tag.[41]

8.4 Colorado River

Der Colorado River ist wegen der Bedeutung seines Wassers für den Südwesten der Vereinigten Staaten die wichtigste "Lebensader" dieses Raumes. Sein Einzugsgebiet ist circa 600.000 km^2 groß und erreicht nach etwa 2.300 km die Mündung im Golf von Kalifornien. Als Fremdlingsfluss durchquert der Colorado River wesentliche Teile der Basin-and-Range-Provinz, die durch niedrige Jahresniederschläge von zumeist unter 300 mm pro Jahr gekennzeichnet sind. Gespeist wird der Fluss von den humiden Bergketten der Rocky Mountains. Der mittlere Jahresabfluss liegt bei circa 18 Milliarden m^3. Entlang des Colorado River wurden mit der Zeit dreizehn Stauseen gebaut, die eine Gesamtkapazität von schätzungsweise 75 Mrd. m^3 Wasser aufweisen. Das entspricht knapp dem vierfachen des mittleren Jahresabflusses. Die Stauseen dienen neben der Wasserversorgung der Bevölkerung, Industrie und Landwirtschaft auch dem Hochwasserschutz und der Energieversorgung. Das Einzugsgebiet des Colorado wird mittlerweile wasserwirtschaftlich derartig intensiv genutzt, dass das stetige Bevölkerungs- und Wirtschaftswachstum nur über eine effektive Nutzung des vorhandenen Wasserpotentials gelingen kann. Anhand von Las Vegas soll die Problematik in der Wasserversorgung im Südwesten der USA verdeutlicht werden.

Las Vegas im US-Bundesstaat Nevada liegt inmitten der Mojave-Wüste, einem Teil des Great Basin. Mit Jahresniederschlagsmengen von nur 100 mm pro Jahr ist dieses Gebiet die trockenste Stadtregion der Vereinigten Staaten. Doch beträgt der tägliche Pro-Kopf-Verbrauch circa 1250 l, was verglichen mit dem deutschen Durchschnittsverbrauch von knapp 175 l einem Vielfachen entspricht. Der Mehrverbrauch kann nicht nur mit dem Trockenklima erklärt werden, sondern muss diesbezüglich auch in den Wasserverbrauchsgewohnheiten und im hohen Anteil am Tourismus begründet sein. Da annähernd die gesamte benötigte Wassermenge über den Stausee des Lake Mead am Colorado River geliefert wird, hat dies zwangsläufig einen sinkenden Wasserstand des Stausees zur Folge. Insbesondere wenn wie in den späten 1990er Jahren eine Reihe von Trockenjahren folgen, die die Niederschlagsmengen und damit auch die Abflussmengen

[41] vgl. Bakker (2007): 1-2.

des Colorado River deutlich reduzieren. Das Liniendiagramm (Abb. 23) zeigt den Verlauf der mittleren Wasserspiegelhöhe des Lake Mead in den Augustmonaten von 1939 bis 2003. Darin gut zu erkennen sind die früheren Trockenperioden Mitte der 1950/60er Jahre und Anfang der 1990er Jahre. Der See brauchte teilweise eine lange Zeit um sich von den jeweiligen Trockenperioden zu erholen.[42] Vor dem Hintergrund eines begrenzten Wasserpotentials stellt sich die Frage, wann Las Vegas an seine natürliche Grenze stoßen wird.

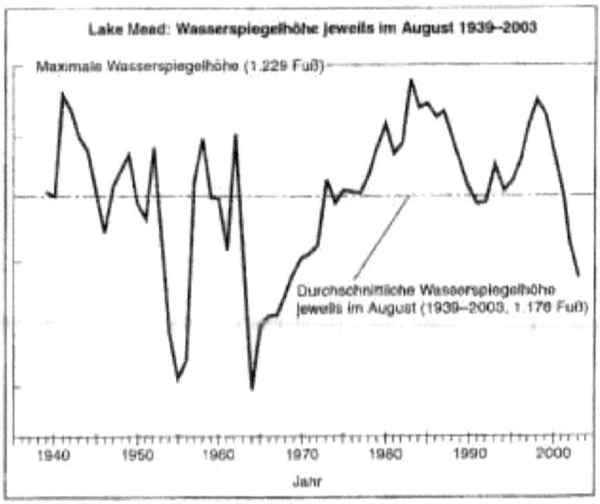

Abb. 22: Mittlere Wasserspiegelhöhe Lake Mead (August 1939-2003). Quelle: Jürgens (2006): 119.

9. Zusammenfassung

Nordamerikas gehört zu den klimatisch wohl vielfältigsten Kontinenten der Erde, da es Anteil an fast allen Klimazonen hat. Die Lagen der unterschiedlichen Klimaten wurden in der Klimaklassifikation nach Strahler erläutert. Die klimatischen Gegensätze lassen sich vereinfachend gesagt aus der Allgemeinen Zirkulation der Atmosphäre, den topographischen Gegebenheiten und der geographischen Lage erklären. Die Lage der Trockengrenze in Nordamerika im Bereich der Great Plains nimmt wie erwähnt Einfluss

42 vgl. Jürgens (2006): 114-119.

auf die landwirtschaftlichen Nutzungsformen östlich und westlich der Grenzlinie. Insbesondere treten in den Vereinigten Staaten ganzjährig klimatische Extremlagen auf: Blizzards im Winter, Tornados im Frühjahr, Dürren und schwül-heißes Wetter im Sommer und Hurrikans im Herbst. Unter hydrogeographischen Gesichtspunkten verfügt Nordamerika über immense hydrographische Ressourcen. Neben der Region der Großen Seen, die klimatisch wie ein reales Binnenmeer wirken, bildet der Mississippi ein eindrucksvolles Flussbecken mit enormen Abflussmengen. Hierzu wurde ein Gesamteindruck über die durchschnittlichen Abflussmengen der größten nordamerikanischen Flüsse gegeben. Darüberhinaus wurden die kontinentale Wasserscheide Nordamerikas erläutert, welche als Grenzlinie entlang der Rocky Mountains verläuft. Der enorme Wasserverbrauch und deren Verwendungszweck wurden anhand Kanadas und der Vereinigten Staaten erläutert. Beide Länder haben diesbezüglich den höchsten Pro-Kopf-Verbrauch aller Industriestaaten. Hierbei stellt sich die Frage nach einer effektiveren Nutzung der Wasserressourcen für die Zukunft.

10. Literaturverzeichnis

Bakker, Karen (2007): Water use & Consumption in Canada. In: Shrubsole, Dan und Dianna Draper (Hrsg.): On Guard for Thee? – Water (Ab)uses and Management in Canada. Eau Canada.

Deutscher Wetterdienst (2010): Wetterlexikon – Stichwort: Klima. Internet: http://www.deutscher-wetterdienst.de/lexikon/index.htm?ID=K&DAT=Klima [Stand: 04.12.2010].

Dyck, Siegfried und Gerd Peschke (²1989): Grundlagen der Hydrologie. Berlin.

Erdkunde Wissen (2005): Nordamerika. Internet: http://www.datenbank-europa.de/erdkunde/kontinent/namerika/klima.htm [05.12.2010].

Focus Online (2006): Der heißeste Ort der Welt. Internet: http://www.focus.de/wissen/bildung/superlative/death- valley_aid_27003.html [06.12.2010].

Gonzales, Mark A. (o. J.): Continental Divides in North Dakota and North America. North Dakota Geological Survey Vol. 30 (1): 1-7.

Hahn, Roland (1981): USA. Stuttgart.

Henning, Ingrid und Dieter Henning (1977): Klimatologische Wasserbilanz von Nordamerika. Archiv für Meteorologie, Geophysik und Bioklimatologie 25: 51-66.

Hofmeister, Burkhard (1988): Nordamerika. Frankfurt am Main.

Hupfer, Peter und Wilhelm Kuttler (¹²2006): Witterung und Klima – Eine Einführung in die Meteorologie und Klimatologie. Wiesbaden.

Jürgens, Carsten (2006): Grenzen des Wachstums – Wasserprobleme im Südwesten. In: Glaser, Rüdiger und Klaus Kremb (Hrsg.): Nord- und Südamerika. Darmstadt: 114-125.

Kenny, Joan F. u. a. (2009): Estimated use of water in the United States in 2005. U.S. Geological Survey. Reston/Virginia.

Klimadiagramme Weltweit (2010): Klimadiagramme Nordamerika. Internet: http://www.klimadiagramme.de/index_3.html [Stand: 05.12.2010].

Lauer, Wilhelm und Jörg Bendix ([2]2006): Klimatologie. Braunschweig.

Lenz, Karl (1988): Kanada – Eine geographische Landeskunde. Darmstadt.

Liljequist, Gösta und Konrad Cehak ([3]1984): Allgemeine Meteorologie. Braunschweig.

National Atlas of the United States (2003): Continental Divides in North Dakota and North America. Internet: http://www.nationalatlas.gov/articles/geology/continental.html [Stand: 06.12.2010].

Natural Resources Canada (1978): List of Hydrological Atlas of Canada. Internet: http://atlas.nrcan.gc.ca/site/english/maps/archives/hydrological_atlas_1978/water_quantity_general/22_Annual_Large_River_Flow_1978 [Stand: 06.12.2010].

Numerical Terradynamic Simulation Group (o. J.): North American average ET over 2000 till 2006. Internet: http://secure.ntsg.umt.edu/projects/index.php/ID/9a3dae27/fuseaction/projects.detail.htm [06.12.2010].

Press Frank und Raymond Siever (1995): Allgemeine Geologie – Eine Einführung. Berlin.

Riggs, H. C. und M. G. Wolman (1990): Introduction. In: Riggs, H. C. und M. G. Wolman (Hrsg.): The Geology of North America - Surface Water Hydrology, Vol. O-1. Boulder/Colorado: 1-9.

Schneider-Sliwa, Rita (2005): USA. Darmstadt.

Strahler, Alan H. und Arthur N. Strahler (1994): Introducing Physical Geography. Toronto.

Strahler, Alan H. und Arthur N. Strahler ([4]1992): Modern Physical Geography. Toronto.

Strahler, Alan H. und Arthur N. Strahler ([4]2006): Physische Geographie. Stuttgart.

U. S. Geological Survey (1992): Water Fact Sheet – Largest Rivers in the United States. Internet: http://pubs.usgs.gov/of/1987/ofr87-242/pdf/ofr87242.pdf [06.12.2010].

Weischet, Wolfgang ([3]1980). Allgemeine Klimageographie. Berlin.

Weischet, Wolfgang ([6]1995): Einführung in die Allgemeine Klimatologie. Stuttgart.

Wilhelm, Friedrich ([2]1993): Hydrogeographie. Braunschweig.

LARGEST RIVERS IN THE UNITED STATES, IN DISCHARGE, DRAINAGE AREA, OR LENGTH

[Of the 32 rivers listed here, the 20 largest in three categories—discharge, drainage basin, and length—are ranked from 1 to 20; these ranks are shown in parentheses. Abbreviations: ft³/s=cubic feet per second; mi²=square miles. All data have been rounded to no more than three significant figures. Sources of data: Stream discharge and drainage area—mainly U.S. Geological Survey reports and files; length—publications and files of U.S. Geological Survey, U.S. Army Corps of Engineers, U.S. Environmental Protection Agency, and the Tennessee Valley Authority; data for the St. Lawrence River from "Facts from Canadian Maps," Canada Department of Energy, Mines and Resources, 1972. Period of record for most rivers is 1951–80. Some data are provisional and subject to revision. Compiled by J.C. Kammerer, U.S. Geological Survey]

NOTE: Rank from 1 to 20 in each category is shown in parentheses.

Number on map	River	Location of mouth	Average discharge at mouth (1,000 ft³/s)		Drainage area (1,000 mi²)		Length from source to mouth (miles)		Source stream (name and location)
1	Arkansas	Arkansas	41.0	(16)	161	(9)	1,460	(6)	East Fork Arkansas River, Colorado (Lake County).
2	Atchafalaya (excluding about 167,000 ft³/s diverted from Mississippi River).[1]	Louisiana	58.0	(11)	95.1	(11)	1,420	(8)	Tierra Blanca Creek, New Mexico (Curry County).
3	Brazos	Texas	(*)	- - -	45.6	(19)	1,280	(11)	Blackwater Draw, New Mexico (Curry County).
4	Canadian	Oklahoma	(*)	- - -	46.9	(18)	906	(16)	Canadian River, Colorado (Las Animas County).
5	Colorado	Mexico	(*)	- - -	246 (U.S.–Mexico)	(7)	1,450	(7)	Colorado River, Colorado (Grand County).
6	Colorado (of Texas)	Texas	(*)	- - -	42.3	- - -	862	(18)	Colorado River (of Texas), Texas (Dawson County).
7	Columbia	Oregon–Washington	265	(4)	258 (U.S.–Canada)	(6)	1,240	(12)	Columbia River, British Columbia Canada.
8	Copper	Alaska	59	(10)	24.4	- - -	286	- - -	Copper River at terminus of Copper Glacier, Alaska.
9	Gila	Arizona	(*)	- - -	58.2 (U.S.–Mexico)	(16)	649	- - -	Middle Fork Gila River, New Mexico (Catron County).
10	Kansas	Kansas	(*)	- - -	59.5	(15)	743	- - -	Arikaree River, Colorado (Elbert County).
11	Kuskokwim	Alaska	67	(9)	48	(17)	724	- - -	South Fork Kuskokwim River at terminus of unnamed glacier, Alaska.
12	Mississippi (excluding Atchafalaya–Red River basin).[1, 2]	Louisiana	593	(1)	1,150 (U.S.–Canada)	(1)	2,340	(2)	Mississippi River, Minnesota (Clearwater County).
13	Missouri[2]	Missouri	76.2	(6)	529 (U.S.–Canada)	(2)	2,540	(1)	Red Rock Creek, Montana (Beaverhead County).
14	Mobile	Alabama	67.2	(8)	44.6	- - -	774	(20)	Tickanetley Creek, Georgia (Gilmer County).
15	North Canadian	Oklahoma	(*)	- - -	17.6	- - -	800	(19)	Corrumpa Creek, New Mexico (Union County).
16	Nushagak	Alaska	36	(20)	13.4	- - -	285	- - -	Nushagak River, Alaska.
17	Ohio	Illinois–Kentucky	281	(3)	203	(8)	1,310	(9)	Allegheny River, Pennsylvania

18	Pecos	Texas	(*)	- - -	44.3	- - -	926	(15)	Pecos River, New Mexico (Mora County).
19	Platte	Nebraska	(*)	- - -	64.9	(13)	990	(14)	Grizzly Creek, Colorado (Jackson County).
20	Porcupine	Alaska	23	- - -	45.1 (U.S.–Canada)	(20)	569	- - -	Porcupine River, Yukon Territory, Canada.
21	Red[1]	Louisiana	56.0	(13)	93.2	(12)	1,290	(10)	Tierra Blanca Creek, New Mexico (Curry County).
22	Rio Grande	Mexico–Texas	(*)	- - -	336 (U.S.–Mexico)	(4)	1,900	(4)	Rio Grande, Colorado (San Juan County)
23	St. Lawrence (–Great Lakes).	Canada	348	(2)	396 (U.S.–Canada)	(3)	1,900	(4)	North River, Minnesota (Lake County).
24	Snake	Washington	56.9	(12)	108	(10)	1,040	(13)	Snake River, Wyoming (Teton County).
25	Stikine	Alaska	56	(13)	20 (U.S.–Canada)	- - -	379	- - -	Stikine River, British Columbia Canada.
26	Susitna	Alaska	51	(15)	20	- - -	313	- - -	Susitna River at terminus of Susitna Glacier, Alaska.
27	Susquehanna	Maryland	38.2	(18)	27.2	- - -	447	- - -	Hayden Creek, New York (Otsego County).
28	Tanana	Alaska	41	(16)	44.5	- - -	659	- - -	Nabesna River at terminus of Nabesna Glacier, Alaska.
29	Tennessee	Kentucky	68.0	(7)	40.9	- - -	886	(17)	Courthouse Creek, North Carolina (Transylvania County).
30	Willamette	Oregon	37.4	(13)	11.4	- - -	309	- - -	Middle Fork Willamette River, Oregon (Douglas County).
31	Yellowstone	North Dakota	(*)	- - -	70.0	(14)	692	- - -	North Folk Yellowstone River, Wyoming (Park County).
32	Yukon	Alaska	225	(5)	328 (U.S.–Canada)	(5)	1,980	(3)	McNeil River, Yukon Territory, Canada.

*Less than 15,000 ft^3/s, and therefore not among the largest rivers in terms of discharge.

[1] In east-central Louisiana 50 miles northwest of Baton Rouge, the Red River flows into the Atchafalaya River, a distributary of the Mississippi River. The discharge of the Atchafalaya River, as shown in the table above, includes the entire discharge of the Red River, but excludes all water diverted into the Atchafalaya River from the Mississippi River. Thus, the respective discharges represent drainage from corresponding drainage areas.

[2] The total discharge from the entire 1,250,000-mi^2 Mississippi River system, including the Atchafalaya, Red, and Missouri River basins, averages 651,000 cubic feet per second. For the Mississippi River system as a whole, the longest continuous river channel is from the Missouri River headwater source in Montana to the mouth of the Missouri to the Gulf of Mexico, a combined length of about 3,710 miles.

Abb. 23: Largest Rivers in the United States, in Discharge, Drainage Areas, or Length. Quelle: U. S. Geological Survey (1992).

Table 1

Area No.	Basin	Number of years*	Drainage Area km²	Drainage Area mi²	Mean Discharge m³/s	Mean Discharge cfs
PACIFIC OCEAN						
1	Yukon	21	298,000[a]	115,000	2,360	83,300
2	Porcupine	6	55,700[b]	21,500	368	13,000
3	Stikine	8	49,200	19,000	1,080	38,100
4	Nass	19	20,700	8,000	892	31,500
5	Skeena	30	54,900	21,200	1,760	62,100
6	Fraser	60	233,000[c]	89,900	3,620	128,000
7	Columbia	34	155,000[d]	59,700	2,890	102,000
Other		—	228,000	87,900	11,100	393,000
ARCTIC OCEAN						
8	Mackenzie	5	1,787,000	690,000	9,910	350,000
9	Back	5	107,000	41,400	612	21,600
Other		—	1,663,000	642,000	5,890	208,000
HUDSON BAY						
10	Thelon	—	142,000	55,000	804	28,400
11	Kazan	5	71,500	27,600	566	20,000
12	Churchill	21	298,000	115,000	1,270	44,800
13	Nelson	14	1,132,000[e,f]	437,000	2,830	100,000
14	Hayes	10	108,000	41,700	694	24,500
15	Severn	3	101,000	38,900	722	25,500
16	Winisk	7	67,300	26,000	694	24,500
17	Attawapiskat	5	50,200	19,400	626	22,100
18	Albany	3	134,000[g]	51,700	1,420	50,100
19	Moose	13	109,000	41,900	1,440	51,000
20	Harricana	58	29,300	11,300	473	16,700
21	Nottaway	12	65,800	25,400	1,130	40,000
22	Rupert	19	43,300	16,700	878	31,000
23	Eastmain	13	46,400	17,900	909	32,100
24	La Grande Rivière	13	97,600	37,700	1,720	60,700
25*	Grande Rivière de la Baleine	10	42,700	16,500	665	23,500
26	Arnaud	10	49,500	19,100	654	23,100
27	Aux Feuilles	10	42,500	16,400	575	20,300
28	Koksoak	10	133,000	51,500	2,420	85,500
29	Rivière à la Baleine	10	31,900	12,300	581	20,500
30	George	8	41,700	16,100	881	31,100
Other		—	1,173,000	453,000	8,950	316,000
ATLANTIC OCEAN						
31	Churchill	19	79,800	30,800	1,620	57,200
32	Petit Mécatina	4	19,600	7,560	524	18,500
33	Natashquan	9	16,100	6,220	422	14,900
34	Moisie	6	19,200	7,410	490	17,300
35	Manicouagan	24	45,800	17,700	852	30,100
36	Aux Outardes	50	19,100	7,360	399	14,100
37	Saguenay	60	88,100	34,000	1,760	62,200
38	St. Maurice	72	43,300	16,700	731	25,800
39	Saint John	48	55,400[h]	21,400	1,100	38,900
40	St. Lawrence	14	1,026,000[i]	396,000	10,100	355,000
Other		—	624,000	241,000	15,400	543,000
SUMMARY						
Pacific Ocean			1,095,000[j]	422,000	24,100	851,000
Arctic Ocean			3,557,000	1,373,000	16,400	580,000
Hudson Bay			4,010,000[e,g]	1,548,000	30,900	1,091,000
Atlantic Ocean			2,036,000[k]	786,000	33,400	1,177,000
Gulf of Mexico			29,500[l]	11,400	25	900
			10,730,000[m]	4,140,000	105,000	3,700,000

Abb. 24: Durchschnittlicher Abfluss von Flüssen Kanadas. Quelle: NRCAN (1978).